KB123092

내가 처음 아인슈타인을 만났을 때

내가 처음 아인슈타인을 만났을 때

초판 발행 2024년 2월 10일

지은이 | 에드윈 슬로슨
옮긴이 | 권혁
발행인 | 권오현

펴낸곳 | 돋을새김
주소 | 경기도 고양시 일산동구 하늘마을로 57-9 301호 (중산동, K시티빌딩)
전화 | 031-977-1854 팩스 | 031-976-1856
홈페이지 | http://blog.naver.com/doduls 전자우편 | doduls@naver.com
등록 | 1997.12.15. 제300-1997-140호
인쇄 | 금강인쇄(주)(031-943-0082)

ISBN 978-89-6167-345-7 (03400)
Korean Translation Copyright ⓒ 2024, 권혁

값 14,000원

내가 처음 아인슈타인을 만났을 때

에드윈 슬로슨 | 권혁 옮김

돋을새김

차례

차례

〈아인슈타인에 반대하는 100명의 저자〉가 1931년에 출간되었
다. 그처럼 많은 과학자들이 상대성이론을 공공연히 반대하는
것에 대한 의견을 묻자, 아인슈타인은 이렇게 대답했다.
"왜 100명이죠? 내가 틀렸다면, 한 명이면 충분할 겁니다."

경이로움과 다른 많은 목적을 감추고 있는 환상적인 현상들 중 가장 심오한 것은 세계를 둘러싸고 있는 두 가지 근본적인 현상인 공간과 시간이다. - 토머스 칼라일

이제부터 공간과 시간 그 자체는 단순한 그림자에 불과할 것이며, 이 두 가지를 결합한 것만이 독립적인 존재로 유지될 수 있다. - 헤르만 민코프스키

머리말 대화

이 대화는 잠재독자들이 잘못된 이유로 책을 구입하지 않도록 하기 위한 것이다.

장면 : 어떤 방향으로든 일정하게 운행하는 열차

시간 : 현재

독자 : (조간신문 1면을 훑어보면서) 한 면 전체가 물리학의 새로운 발견에 대한 기사로 뒤덮여 있군요. '일식 관측으로 아인슈타인의 상대성이론이 옳다는 것이 증명되었다.' 그 신문에도 이런 기사가 있나요?

저자 : 여기에는 그 내용을 다룬 맥커친의 만화가 있군요.

독자 : 그렇다면 뭔가 있는 것이 분명하군요. 맥커친은 어떤 것이 뉴스인지 정확히 알거든요. (기사를 소리내어 읽는다)
'과학 역사상 가장 놀라운 발견' '인간 지성의 위대한 성과' '갈릴레오, 뉴턴, 유클리드를 뒤엎다' '철학과 신학의 혁명' … 내가 이 문제에 대해 뭔가를 알아야만 할 것처럼 보이는군요. 그렇지 않나요?

저자 : 언젠가는 알아야 할 주제라고 생각합니다. 지금 당장 알아보는 것이 좋을 수도 있겠죠.

독자 : (기사를 읽어 내려가다 주요 내용을 발견한다) '평행선은 만난다' '빛의 속도로 움직이는 사람은 늙지 않는다' '공간의 뒤틀림에서 비롯된 중력' '측정막대의 길이는 운동의 방향에 따라 달라진다.' '질량은 잠재적인 에너지' '4차원으로서의 시간' … 아니, 이 사람은 미친 것 아닌가요?

저자 : 글쎄요, 정신이상에 대한 정의는 너무 모호해서 누군가를 미쳤다고 말하는 건 조심해야 합니다. 하지만 그의 광기에는 어떤 체계가 있는 것 같군요. 그렇지 않다면 어떻게 태양이 빛을 얼마나 끌어당기는지 정확하게 발견할 수 있었을까요?

독자 : (신문을 들고 집중하면서 소리내 읽는다) '가설 I. 좌표계(座標系) K에 적용되는 모든 자연법칙은 K와 K′이 균일하게 이동하는 경우, 다른 모든 체계의 K′에서도 적용되어야 한다.' 이것 참, 혹시 이 분야에 대해 좀 아는 것이 있나요?

저자 : 어, 약간은 알고 있죠. 지난 몇 년 동안 그 논쟁을 지켜봤거든요.

독자 : 이게 다 무엇에 대한 것인지 쉬운 말로 이야기해줄 수 있을까요?

저자 : 그럼요, 바로 그겁니다. 비록 그 내용에 대해 말해줄 수는 없지만, 무엇에 대한 것인지는 말해줄 수 있어요. 아인슈타인은 자신의 논문을 이해할 수 있는 사람은 이 세상에 딱 열두 명뿐이라고 했거든요.

독자 : 당신이 그 열두 명 중의 한 분인가요?

저자 : 아니오, 열세 번째도 아닙니다. 하지만 논문에서 다루고 있는 수학을 파고들지 않아도 상대성이론의 흥미진진한 측면들을 이야기해볼 수 있고, 결국엔 당신도 그 열두 명의 뒤를 따라

갈 수 있도록 해줄 수 있죠. 원하신다면, 그 주제를 다룬 책들도 읽어볼 수 있을 겁니다.

독자 : 좋아요. 그건 그럴듯하군요. 어쨌든 열차는 느리게 가고 있으니, 계속해 보시죠.

저자 : (다음 페이지를 바라본다)

쉽게 이해하는 아인슈타인

: 특히 문과생을 위한 상대성이론 수업

'자연에서 뒤틀림이 발견되었다, 곧은 선은 없으며, 둥근 원도 없다. 아이작 뉴턴이 중력이라는 불합리한 생각을 갖고 있었기 때문이다!'

신문사들은 왜 기자들을 보내 천문학자를 인터뷰하고, 경제 상황에 대한 기사만큼이나 공간과 시간의 본질에 대한 고찰에 많은 지면을 할애하고 있는 것일까?

1919년 5월 29일 일식이 진행되는 동안 브라질 북부의 소브랄과 아프리카 서해안의 프린시페 섬에서 두 대의 망원경으로 촬영한 몇 장의 사진에서 별들이 정상 각도에서 324,000분의 1가량 비정상적으로 이동한 것이 확인되었기 때문에, 이 문제의 근본 원인을 밝히려는 것이었다.

이 사진의 필름을 일식 전에 촬영된 필름 위에 겹쳐 보았을 때 어두워진 태양의 원반 주변에 있는 별들의 이미지가 태양이 중앙에 있지 않을 때의 이미지와 정확하게 일치하지 않는다는 것이 발견되었다. 측미계(測微計)로 측정한 결과, 별들은 평소 위치로부터 아프리카 사진판에서는 1.60아크초(각초), 브라질 사진판에서는 1.98초 벗어나 있었다.

이 두 가지 관측결과의 평균은 1.79이다. 이것은 베를린 대학의 아인슈타인 교수가 예측했던 1.73에 매우 근접한 것으로, 뉴턴의 중력법칙에 따라 계산된 0.87초보다 두 배나 큰 수치였다.

11월 6일 런던 영국학술원 회의에서 이 결과가 발표되었을 때 모두 다 올리버 롯지(Oliver Lodge) 경을 바라보았다. 지난 2월에 그는 경솔하게도 예측까지는 아니어도 일식 원정이 아인슈타인보다는 뉴턴의 이론을 뒷받침하게 될 것이라는 희망을 밝혔기 때문이었다. 하지만 올리버 경은 토론에 참여하는 대신 자리에서 일어나 회의장을 떠났다. 그의 행동은 별빛이 자신이 선호하는 경로를 따르지 않자 '화가 치밀었기' 때문이라는 의심을 받았다.

하지만 그는 우주에 대한 어떤 불만 때문에 떠났던 것이 아니라 6시 정각에 떠나는 기차를 탈 필요가 있었다고 설명하는 편지를 〈타임스〉 지에 보내 그런 소문들을 불식시켰다. 그는 '그 일식의 결과는 아인슈타인의 위대한 성공이며, 양적인 일치는 의심하기 어려울 정도로 가까웠다'고 솔직하게 인정했다. 하지만 그는 '이 놀라운 결과로 인해 공간과 시간과 관련된 중요하고 까다로운 일반화를 추진하는 것에는 신중해야 한다. 즉, 이 결과는 공간의 에테르라는 조건에서 합리적으로 간편하게 설명될 수 있을 것이라고 믿는다.'라고 덧붙였다.

이 경고는 현명하지만 우리는 이 관측결과의 정확성을 검증하기 위해 다음 일식이 발생하는 1922년까지 숨죽이고 있을 수는 없다. 그 사이에 우리는 아인슈타인의 상대성원리의 일부 결과에 대해 알아볼 수 있을 것이다.

영국학술원의 의장인 조셉 톰슨 경은 학술원의 회기 중에 중대한 발표를 했다.

만약 그의 이론이 옳다면, 우리는 중력에 대한 전혀 새로운 견해를 갖게 된다. 아인슈타인의 추론이 옳은 것으로 적용되어 수성의 근일점과 현재의 일식과 관련된 대단히 엄격한 시험을 통과한다면 인간의 정신이 만들어낸 최고의 성과들 중 하나가 될 것이다. 이 이론의 약점은 설명하기 대단히 어렵다는 것이다. 불변량이론과 변분법에 대한 완전한 지식 없이는 누구도 이 새로운 중력법칙을 이해할 수 없을 것으로 보인다.

이런 상대성이론은 무엇이며, 왜 그토록 중요할까? 이 이론의 수학은 대부분의 우리에게는 너무 어렵지만, 익숙한 예를 통해 어느 정도의 개념은 파악할 수 있다.

어느 날 아침, 열차의 침대차에서 깨어나 자신이 어디에 있는지 확인하기 위해 창문 밖을 내다본다고 가정해보자.

옆 차선은 지나가는 열차에 가려 아무것도 볼 수 없다. 그런데 당신이 타고 있는 열차에서 아무런 소음도 들리지 않고 다른 열차 너머의 풍경도 볼 수 없다면,

1. 당신의 열차가 앞으로 움직이고 있고 다른 열차가 정지해 있는지
2. 당신의 열차가 정지해 있고 다른 열차가 뒤로 움직이고 있는지
3. 두 열차가 서로 반대 방향으로 움직이고 있는지
4. 두 열차가 모두 같은 방향으로 움직이고 있지만 당신이 탄 열차가 더 빠른지에 대해 말할 수 없다.

열차들이 서로 지나쳐가고 있다는 것은 분명하다. 당신은 열차들이 서로 멀어지는 속도를 얼마든지 정확하게 측정할 수 있다. 하지만 당신이 알아차릴 수 있는 것은 그 두 열차의 상대적인 움직임뿐이다.

당신은 절대운동(絶對運動)이라는 것이 있는지, 즉 정지와 운동 사이의 실질적인 차이가 있는지 의심하기 시작한다. 창문을 통해 움직이고 있는 어떤 것만을 볼 수 있을 뿐이라면, 과연 당신이 타고 있는 열차가 움직이고 있는지, 정지해 있는지 말할

수 있는 방법이 있을까? 창문이 모두 커튼으로 가려져 있다면, 당신이 앞으로나 뒤로 움직이고 있는지, 아니면 정지해 있는지 어떻게 알아차릴 수 있을까?

당신은 식당칸에 앉아 있는 다른 여행객들과 이 기묘한 질문을 논의해보았고, 그들 중 한 사람이 공기를 참고하여 열차의 절대운동을 결정할 수도 있을 것이라는 훌륭한 제안을 내놓았다. 열차가 앞으로 움직이고 있다면 공기는 앞에서 뒤로 흐를 것이며, 뒤로 움직이고 있다면 그 반대일 것이다.

그 영리한 실험주의자는 이렇게 말한다.

"당신이 열차의 한쪽 끝에 서 있고 내가 반대편에 서 있다고 가정해봅시다. 우리는 서로 번갈아 가면서 큰소리로 외치고 소리가 전달되는 시간을 스톱워치로 재는 겁니다. 소리는 공기의 파동에 의해 전달되므로 공기의 흐름을 거슬러 전달되는 소리는 시간이 더 오래 걸리게 되겠죠. 그리고 이 측정값을 통해 열차가 움직이는 방향뿐만 아니라, 물론 바람이 불지 않는다고 가정할 때, 움직이는 속도도 계산할 수 있습니다."

당신은 그것이 결정적인 실험이라고 생각하지만 한 가지 어려움이 있을 수 있다는 것을 지적한다. 열차 양끝의 출입문이 닫혀 있어서 공기가 열차와 함께 이동하고 있다면 열차가 움직이고 있다 해도 소리의 속도에서 아무런 차이도 관측되지 않을 것이라는 점이다.

그 과학적인 친구는 이렇게 말한다.

"좋아요, 그렇다면 밀폐된 공기가 열차와 함께 이동하는지 알기 위해 예비적인 실험을 해보기로 하죠. 그 후에 만약 함께 이동하지 않는다면, 소리 신호로 공기가 어떤 방향으로 흐르는지 알기 위한 두 번째 실험을 해보는 겁니다. 공기는 열차와 함께 이동하거나 열차를 통과해 이동하기 때문에 이 두 가지 실험으로 문제가 해결되어야 합니다. 이 두 가지 외에 다른 가능성을 생각할 수 있을까요?"

아니, 다른 가능성은 없다. 그래서 당신은 이 두 가지 실험을 시도해 보기로 한다. 우선 열차의 양쪽 끝으로 가서 문들이 열려 있는지 확인한다. 문이 열려 있다면 공기는 열차와 함께 이동하는 것이 아니다. 그런 다음 확신을 갖고 두 번째 실험으로 돌아가면 당연히 공기의 흐름과 함께 움직이는지 반대 방향으로 움직이는지에 따라 소리의 속도에 차이가 있다는 것을 알게 된다.

움직이는 열차 위에서 그처럼 예민한 실험을 실행하는데 현실적인 어려움들이 있다는 것은 인정하지만, 걱정할 필요는 없다. 아마 열차를 통과하는 공기의 흐름은 모자를 뒷문 밖으로 날려버릴 정도로 아주 강력할 것이기 때문에 그 문제를 만족스럽게 해결하거나 적어도 긍정적으로 해결될 것이다.

하지만 만약 이 두 번째 실험에서도 첫 번째 실험처럼 부정적인 결과가 나온다면 즉, 소리가 열차의 방향이든 역방향이든 가로지르든 아무런 차이를 찾아낼 수 없다면 당신이 얼마나 놀라게 될 것인지 상상해보라.

그렇다면 실험을 통해 (1) 공기는 열차와 함께 이동하지 않는다 (2) 공기는 열차를 통과해 이동하지 않는다는 것을 증명했을 것이다. 이로부터 당신의 열차는 정지 상태라고 가정할 수 있지만, 당신이 탄 열차를 지나치는 다른 열차의 사람들도 동일한 실험을 시도하여 동일한 결과, 즉 그들도 공기와 관련하여 정지 상태라는 결과를 얻었다고 가정해 보자. 그러면 당신은 진퇴양난에 빠지게 될 것이다. 당신의 두 가지 반박할 여지가 없는 실험들이 명백하게 모순되는 결과를 보여주었기 때문이다. 두 가지 확실한 실험에서 모순된 결과가 나왔으니 당황스러웠을 것이다. 공기가 없었다고 하면 이 상황에서 빠져나갈 수도 있겠지만, 그렇다면 음파와 모자를 이동시킨 것은 무엇일까?

서로 모순되는 실험들

자, 이것이 지난 30년 동안 물리학자들이 빠져 있던 곤혹스러운 상황이다. 천체들 중에서 절대운동을 발견할 방법은 전혀 없는 것일까? 우리는 천체들의 상대운동은 대단히 정확하게 관찰하고 측정할 수 있다. 태양은 하늘을 가로질러 동쪽에서 서쪽으로 지나가는 것으로 보이며, 처음에 인간은 당연하게 지구가 정지해 있고 태양이 그 주변을 돌고 있다고 생각했다. 당신이 침대차에서 차창 밖을 내다보았을 때, 다른 열차가 움직인다는 인상을 받았던 것처럼 이것은 자연스럽고 본능적인 가정이다. 하지만 지난 300년 동안 태양이 아닌 지구가 움직인다고 가정하는 것이 유행이었다. 이러한 가정은 천문학자들의 계산을 단순화한다는 장점이 있다. 나로서는 그들이 계산하는 수고를 덜어

주기 위해 우리가 왜 일출과 일몰이라는 단순한 개념을 포기해야 하는지 이해할 수는 없다.

(실제로 지구가 움직인다면) 지구는 아주 차분하고 조용하게 움직이기 때문에 우리는 그 움직임을 알려주는 소음이나 엔진 소리를 느끼지 못한다. 만약 지구가 영원히 구름에 가려져 있다면 우주를 통한 지구의 움직임이나 지구의 자전을 알아낼 수 있을까? 실제로 천체 관측을 통해 이런 사실에 대한 증거를 얻을 수 있는 것일까? 우리는 천체들이 서로 상대적으로 움직이는 것을 볼 수 있다.

달이 지구 주위를 돌고 지구와 나머지 행성들이 태양 주위를 돌고 있다고 가정하면 천체의 움직임을 가장 쉽게 나타낼 수 있다. 하지만 태양계 전체가 움직이고 있는 것일까? 별과 비교해 보면 그렇게 보인다. 하지만 태양계와 눈에 보이는 모든 별들이 모두 초당 1마일 또는 1000마일의 속도로 우주를 떠돌고 있는 것은 아닌지 누가 알 수 있을까? 움직임을 측정하는 기준이 되는 고정된 어떤 것이 없다면 어떻게 알 수 있을까?

최근까지만 해도 우리에게는 그런 고정물로 에테르(ether)가 있는 것 같았다. 우리는 태양과 별에서 나오는 빛을 통해서만 태양과 별에 대해 알 수 있다. 간단한 실험으로 증명할 수 있듯이 빛은 파동운동으로 구성되어 있다. 그렇다면 파동하는 어떤 매개체 없이 파동운동을 할 수 있을까? 음파는 공기를 통해 전달되지만 지구와 태양 사이에는 공기가 없다.

이 빈 공간을 채울 것이 전혀 없었기 때문에 과학자들은 그들의 합리성을 충족시켜줄 무언가를 발명해야 했다. 에테르는 그들이 연구해 만들어낸 것이었다. 영국의 왕립연구소에서 만들어낸 발명품인 에테르로부터 수많은 유용한 이론과 발견이 이루어졌다.

솔즈베리 경(Lord Salisbury)이 말했듯이 에테르는 단순히 '물결치다'라는 동사의 주격일 뿐이다. 에테르는 모든 공간을 채우는 일종의 투명한 젤리 같은 것으로 어떤 고체보다 단단하고 어떤 유체보다 마찰이 없으며 어떤 기체보다 쉽게 침투할 수 있는 것이라고 생각했다. 강철보다 탄성이 강하면서도 희박해서 통상적인 물질은 아무런 힘도 들이지 않고 통과한다. 나뭇가지 사이로 바람이 불어오듯, 에테르는 돌진하는 지구의 입자들 사이로 빠져나간다고 생각했다.

발명된 후 오랫동안 에테르는 한 장소에서 다른 장소로 빛을 운반하는 것 외에는 아무런 역할이 없었다. 그러나 무선전신의 전자기파가 생성되었을 때 이를 전달할 수 있는 것이 필요했고, 이 새로운 임무는 불평불만 없는 에테르의 어깨 위에 놓여졌다. 뢴트겐(Röntgen)이 가장 짧은 광파보다 파장이 10,000배나 짧은

엑스레이를 발견하자, 이를 에테르에 떠넘겨 작동하도록 했다. 사실, 물리학자가 평범한 물질로는 설명할 수 없는 어떤 작용을 발견할 때마다 '에테르가 역할을 하도록 하자'고 말하게 되었고, 이 가상의 물질은 이런 상대적인 운동에 관한 질문이 나올 때까지 모든 목적에 맞게 분명히 대답하게 되었다.

우리가 에테르에 대해 어떻게 생각하든 모든 '빈' 공간을 채우고 있는 것이 있다면 기차에서 공기의 흐름을 측정하는 것처럼 에테르를 통해 지구의 움직임을 측정하는데 사용할 수 있을 것으로 보인다. 지구가 실제로 태양 주위를 공전하고 있다면 에테르는 초당 약 19마일의 속도로 지구의 기공을 통과하고 있어야 한다.

하지만 잠깐만 — 지구가 우주를 비행하면서 공기는 물론 일종의 에테르 대기도 함께 운반할 가능성이 있다. 먼저 예비실험을 통해 빠르게 움직이는 물질 덩어리가 에테르의 일부를 잡아끌어 함께 운반하는지 확인하여 이러한 가능성을 제거해야 한다. 이렇게 하면 보트가 물을 휘저어 놓듯이 움직이는 물질 근처의 에테르에는 일종의 소용돌이 또는 교란이 일어날 수 있다. 예를 들어, 빠르게 회전하는 바퀴 근처를 지나가는 광선은 약간 굴절되어 왜곡된 이미지를 나타낸다. 올리버 롯지 경은 이 실험을 시도했지만 결과는 부정적이었다.

즉, 움직이는 물질은 에테르를 교란시키거나 운반하지 않는다. 따라서 에테르가 물질을 통과해 표류한다는 것이 유일한 논리적 대안으로 남아 있는 것으로 보이며, 지구의 운동 방향에서 빛의 속도를 측정하여 이러한 표류를 알아낼 수 있을 것으로 기대해야 한다. 만약 지구가 첫 번째 지점에서 멀어지고 있다면, 빛이 한 지점에서 다른 지점으로 이동하는데 더 오랜 시간이 걸리고, 지구가 첫 번째 지점을 향해 움직이고 있다면 이동시간은 더 짧아져야 한다. 마이컬슨(Michelson)과 몰리(Morley)는 이 실험을 시도했지만 그들 역시 부정적인 결과를 얻었다!

광선을 지구가 움직이는 방향으로 보내든 그 반대 방향으로 보내든 또는 가로질러 보내든 아무런 차이가 없었으며, 변함없이 초당 186,000마일이라는 동일한 속도로 이동했던 것이다. 그렇다면 서로 모순되는 두 가지의 의심할 여지가 없는 실험 결과가 있었던 것이다.

한 가지는 에테르가 지구와 함께 이동하지 않는다는 것을 증명했으며, 다른 하나는 지구가 통과하는 동안 에테르는 정지해 있지 않는다는 것을 증명했던 것이다.

우리가 자연에 대한 질문에서 모순된 답을 얻었을 때 —자연이 말도 안 되는 답변을 내놓은 것이 아니라면 — 우리가 터무니없는 질문을 하고 있다고 가정해야 한다.

소매치기 재판에서 어떤 증인은 도둑이 거리를 뛰어 올라가지 않았다고 맹세하고 다른 증인은 그가 거리를 뛰어 내려오지 않았다고 맹세한다면 판사는 그들 중 한 명이 반드시 거짓말쟁이일 것이라고 말하지 않는다. 그는 잠시 생각해본 다음 소매치기가 움직이지 않았을 수도 있고, 비상구로 올라갔거나 지하 석탄저장고 속으로 떨어져 세 번째 차원으로 사라졌을 수도 있다고 생각할 것이다.

에테르 수수께끼의 경우도 마찬가지다. 에테르가 움직이지 않으면서 가만히 정지해 있는 것도 아니라면 에테르가 존재하지 않거나 어쩌면 4차원이 존재할 수도 있다. 이 딜레마에서 벗어날 수 있는 두 가지 방법이 있지만, 어느 쪽이든 받아들이기는 쉽지 않다.

에테르가 없다면 광파를 운반하는 것은 무엇일까? 4차원이 있다면 어느 방향에 놓여 있는 것일까? 그러나 에테르보다 4차원을 믿거나 상상하는 것은 더 어렵지 않으며, 물리학자가 자신의 연구에서 4차원이 필요하다는 것을 알게 되면 그것을 가져야만 할 것이다.

아인슈타인은 자신의 공식을 위해서는 4차원이 필요하다고 말한다.

시대의 수수께끼

2,400년 동안 철학적 사색은 공간과 시간의 관계에 대한 문제와 관련되어 있었다. 오늘날의 어느 과학학회에 가더라도 공간이 유한한지 무한한지, 정지와 운동 사이에 차이가 있는지, 길이가 절대적인지 상대적인지, 시간과 공간이 실제로 존재하는지 등 소아시아의 그리스 도시에서 피타고라스(Pythagoras)와 제논(Zeno)이 논의했던 바로 그 문제들에 대해 토론하는 것을 볼 수 있다.

비록 명확한 결론을 내리지는 못했지만 이러한 고찰에 들인 시간은 결코 헛되지 않았다. 그런 성찰 속에서 수학과 물리학이 발전했기 때문이다.

현대의 과학자는 자신의 이론을 가능한 한 실험을 통해 검증하려고 노력하는 반면 고대인들은 이론에 대해 생각하는 것만으로 만족한다는 한 가지 차이점이 있다.

이런 우주의 수수께끼에 관한 추측들 중에서 1905년에 아인슈타인이 《물리학 연보Annalen der Physik》에 제출했던 4~5페이지의 논문에 담겨 있는 것보다 더 대담하고 혁명적인 것은 없었다. 그의 논문이 촉발시킨 논쟁은 순수한 이성의 영역에만 국한된 것이 아니었다. 과학자들도 인간일 뿐이며 애국적인 편견에 영향을 받기 때문이었다.

이 짧은 논문에서 그는 두 가지 가정을 바탕으로 새로운 우주 이론을 제안했다. 첫 번째는 모든 운동은 상대적이라는 상대성 원리였다.

예를 들어, 차창을 가린다면 평온하게 달리는 기차의 움직임을 전혀 알 수 없으며, 천체를 볼 수 없다면 지구의 전진운동을 전혀 발견할 수 없다는 의미이다.

아인슈타인의 두 번째 가설은 빛의 속도가 광원의 운동과 관계없다는 것이었다. 이것은 초속 186,000마일(약 30만Km)인 빛보다 빠르게 이동할 수 있는 것은 아무것도 없으며, 빛을 미리 보낸다 해도 더 빠르게 이동하지 못한다는 것을 의미하기 때문에 인간의 이성으로는 받아들이기 어려운 개념이다.

이것은 기차의 맨 앞에 서서 공을 앞으로 던져도 기차가 앞으로나 뒤로 전속력으로 달리든 정지해 있든 공의 속도에는 아무런 차이가 없다는 말과 같다. 그러나 미국의 물리학자인 마이컬슨과 몰리는 빛의 속도를 측정하는 실험을 통해 지구가 광원을 향해 움직이거나 광원으로부터 멀어지거나 직각의 방향으로 움직인다 해도 빛의 속도는 동일하다는 사실을 발견함으로써 아인슈타인의 두 번째 가설이 옳다는 것을 확인했다.

아인슈타인의 주요한 두 가지 가설과 나중에 발표한 '등가원리(等價原理)*'를 받아들인다면 그의 이론은 에테르로 인한 어려움과 우주의 다른 여러 가지 수수께끼들을 해결해 준다. 이것은 뉴턴의 이론으로는 설명할 수 없었던 수성의 궤도 변화를 설명해준다. 지난 5월 일식 관측을 통해 확인된 태양의 중력에 의한 빛의 편향도 예측했다. 중력장에서 태양 스펙트럼의 선이 적색의 끝으로 이동한다는 세 번째 테스트는 아직 검증되지 않았다.
이러한 기술적인 사항들은 물리학자와 천문학자들만 관심을 갖는 것이지만, 세 가지 실험 중 두 가지 실험이 뒷받침하는 아인슈타인의 상대성이론은 시간과 공간에 대한 특정한 고찰을 수반하여 현재 널리 통용되는 개념들을 뒤흔들고 있다.

---

* Principle of Equivalence : 중력에 의한 운동과 가속운동은 동등한 현상이라는 원리, 즉 관성질량과 중력질량이 같다는 의미.

상대성의 패러독스

이제 뉴턴의 세 가지 운동법칙(관성의 법칙, 가속도의 법칙, 작용과 반작용의 법칙)은 모두 의심받게 되었고, 평행선은 절대 만날 수 없다는 유클리드의 가르침을 버리는 세상이 되었다. 아인슈타인에 따르면 평행선은 만날 수도 있다.

뉴턴에 따르면 중력의 작용은 모든 공간에서 즉각적으로 일어난다. 아인슈타인에 따르면 어떤 작용도 빛의 속도를 초과할 수 없다. 상대성이론이 옳다면 절대적인 시간이나 서로 다른 장소의 시계가 동기화되어 있는지 확인할 수 있는 방법 같은 것은 존재할 수 없다. 우리의 측정막대는 어떻게 잡느냐에 따라 달라질 수 있고 물체의 무게는 속도에 따라 달라질 수 있다. 두 지점 사이의 최단거리는 직선이 아닐 수도 있다. 이는 아인슈타인의 상대성이론이 품고 있는 놀라운 함의 중 일부이다.

만약 아인슈타인이 상대성이론을 단순한 형이상학적 공상으로, 가능하지만 검증할 수 없는 가설로 제시했다면 단순한 호기심을 불러일으키는 것에 그쳤을 것이다. 그러나 그는 이 가설에서 물리적 현상을 지배하는 수학적 법칙을 추론해냈고, 이를 실험으로 검증할 수 있었다. 그리고 그 법칙은 이 두 가지 중요한 사례에서 실험을 통해 사실로 입증되었다.

앞에서 우리는 운동의 상대성이론에 대해 논의했다. 예를 들어, 기차나 배가 움직이고 있는지 아닌지를 '확실하게' 정지해 있는 것과 비교할 수 없다면 알 수 없다는 점을 살펴보았다. 하지만 무엇이 정지되어 있다고 확신할 수 있을까? '고정된' 별들에 비해 지구는 시속 약 1000마일의(약 1670km) 속도로 돌고 있으면서 시속 약 7만 마일(약 11만km)의 속도로 태양 주위를 돌고 있기 때문에 지구상의 어떤 것도 확실하지 않다.

하지만 비교할 수 있는 다른 별이 없는데, 별이 고정되어 있다고 확신할 수 있을까? 동일한 속도로 동쪽으로 항해하는 배의 갑판에서 서쪽으로 걷고 있는 선장의 모습을 그린 허버트 스펜서의 그림을 기억할 것이다.

과연 그가 움직이고 있는 것일까? 같은 배를 타고 있다면 움직이고 있다고 말할 수 있다. 배가 지나갈 때 당신이 육지에 있다면 그가 가만히 서서 '시간을 표시하고 있다'고 말할 수 있다. 모든 것이 관점에 따라 달라진다.

이제 모든 운동이 절대적인 것이 아니라 상대적이라는 것을 쉽게 인정할 수 있지만, 공간과 시간도 절대적인 것이 아니라 상대적이라는 생각에는 여전히 난처해질 수 있다. 하지만 운동은 공간과 시간에서 위치가 동시에 변하는 것일 뿐인데, 본 적도 없는 공간과 시간에 대해 우리는 왜 그렇게 확신을 갖고 있는 것일까?

예를 들어, 당신의 책상은 무척 길다고 자신 있게 말할 수 있다. 하지만 어떤 것에 대해 어느 정도 길이가 되어야 길다고 말하는지 묻는다면, 1야드라고 말할 것이다. 하지만 1야드는 얼마나 긴 것일까? 그것은 '1야드'라고 표시된 끈이나 막대의 길이이며, 그 길이는 다른 야드자로 잰 것이다.

이런 식으로 우리는 헨리 1세의 코끝에서 엄지손가락 끝까지의 거리를 기준으로 만들었던 런던의 황동자까지 거슬러 올라가야 한다. 하지만 이런 절대적인 측정 기준은 절대군주제 지지자 외의 모든 사람에겐 만족스럽지 않다.

현재 헨리 왕의 코와 엄지손가락을 확인할 수 없다는 어려움은 차치하고, 측정하는 동안 우리의 잣대가 똑같은 길이를 유지할 것이라 확신할 수는 있을까? 여름의 낮이 겨울보다 길다는 것은 인정해야 하지만, 자를 똑바로 세우거나 수평으로 눕혀도 길이가 변하지 않는다고 확신할 수는 있을까? 아니면 방향이 변하면 길이가 변하는 것은 아닌지 알 수 있을까?

자신의 모습에 대해 확신할 수 있을까?

놀이공원에 가본 적이 있다면 볼록거울이 사람들을 얼마나 우스꽝스럽게 보이게 하는지 알 수 있다. 놀이공원에 갈 여유가 없다면 반짝이는 양철 컵이나 깡통의 측면에 비친 자신의 모습을 관찰해보면 된다. 평면거울에서는 왼손잡이가 된 것처럼 보이는 것 외에는 당신처럼 생긴 사람을 보게 된다. 하지만 똑바로 서 있는 볼록한 원통형 거울을 통해 보면 '실제의 자신보다 더 마른' 사람이 보인다.

동일한 거울을 수평으로 놓고 들여다보면 '실제의' 자신보다 키가 작은 남자를 보게 된다. 당신이 그 괴상한 생명체를 보고 웃으면, 그 생명체도 당신의 모습을 보며 똑같이 즐거워한다는 것을 알 수 있다.

그렇다면 그 볼록거울 속에 있는 사람들에게 너희들은 그저 서툰 모방일 뿐이며, 당신의 모습은 실제로 그런 이미지들이 아니라는 것을 어떻게 증명할까?

과학자가 그렇듯이 당연히 측정으로 증명해야 한다. 당신을 나타내는 척하는 키 큰 남자를 측정하기 위해 거울세계에 들어갈 수는 없지만, 당신이 원하는 것을 손짓으로 설명하면 그는 즉시 따라 할 것이다.

당신 옆에 측정막대를 세워 키가 정확히 72인치라는 것을 보여주는 것이다. 그 사람 역시 측정막대를 들고 72인치라는 것을 확인한다. 그가 다른 종류의 자를 쓰려 해도 상관없다. 당신과 동일한 막대로 너비를 측정할 것이므로 그를 잴 수 있다. 자를 양어깨에 가로질러 대고 있었더니 18인치라면, 그것은 키의 4분의 1을 나타내는 것이다.

당신이 볼 때 그는 적어도 6배는 더 커 보이지만 그 역시 자신의 자로 너비를 측정하여 똑같이 18인치라는 것을 확인한다. 이제 당신은 그가 속임수를 쓰고 있으며, 그가 잡는 방식에 따라 수축하거나 팽창하는 측정막대를 가지고 있을 것이라고 확신하게 된다. 당신은 그의 측정값을 신뢰할 수 없다고 지적하지만, 놀랍게도 그의 제스처는 당신이 탄성이 있는 자를 사용하고 있다고 설득하려는 것처럼 보인다.

당신이 그의 얼굴에 주먹을 휘두르면, 그도 똑같이 분노로 반

38

인간의 척도

중앙에 있는 남자는 곡면거울을 통해 자신의 모습을 볼 때, 자신의 왜곡된 이미지를 보고 있다고 생각하게 된다. 오른쪽 이미지는 수직으로 설정된 원통형 표면에 반사되었기 때문에 더 날씬하고 더 크게 보인다. 왼쪽의 이미지는 수평으로 설정된 원통형 표면에 반사되기 때문에 더 작고 더 펑퍼짐해 보인다. 하지만 그 남자와 그의 이미지를 현실세계와 거울세계 속의 자로 각각 측정한다면 똑같은 결과가 나온다.

그러므로 세상의 모든 것이 사방으로 확장된 것인지 또는 축소된 것인지를 알아내는 것 역시 불가능할 것이다. 다시 말해, 모든 측정값은 상대적이다. 아인슈타인에 따르면 움직이는 모든 물체는 운동선 방향으로는 짧아지지만 가로 치수는 동일하게 유지된다. 그렇다면 사람이 빛의 속도에 가까운 속도로 우주를 향해 곧장 이동하고 있다면 왼쪽 사람처럼 키가 작아질 것이다. 만약 그가 옆으로 움직였다면 그는 오른쪽에 있는 사람과 같았을 것이다.

평면거울에 비친 남자의 모습은 대칭인 것처럼 보이지만 뒤집혀 있다. 그의 오른손은 웬일인지 왼쪽으로 넘어가 있고 그 반대의 경우도 마찬가지다. 거울처럼 보이는 그런 변화는 실제로 일반적인 공간에서는 이루어질 수 없지만 4차원 공간에서는 가능할 것이다

응한 다음 다른 거울에 쪼그리고 앉아있는 남자가 이성을 되찾기를 바라며 돌아선다. 그러나 그 역시 자신의 규칙에 따라 자신을 높이 72인치, 너비 18인치로 측정한다. 오목, 볼록 거울에 비친 여전히 괴상하게 생긴 친구를 온갖 방법으로 왜곡해 보면 그의 규칙에 따라 길어지고 짧아지고 구부러져 자신과 대칭을 이루는 사람이 된다는 것을 알 수 있다. 그가 바로 당신의 이미지인데 어떻게 다를 수 있을까? 그래서 당신은 들고 있는 자의 가변성을 의심하게 된다.

내일 아침에 일어났을 때 측정 수단을 포함한 모든 것이 오늘보다 두 배 더 커졌다고 가정해 보자. 그 차이를 구분할 수 있을까? 어떤 차이가 생겼을까? 과연 차이가 있을까? 절대 거리와 같은 것이 있을까? 혹시 측정은 모두 상대적인 것은 아닐까?

이러한 질문들은 오래 전부터 사변적인 철학자들의 관심을 끌었지만, 1886년에 마이컬슨과 몰리가 다양한 방향에서 빛의 속도에 대한 유명한 실험을 수행하면서 형이상학에서 물리학의 영역으로 넘어갔다. 이 실험의 목적은 광파를 전달하는 가상의 매질인 에테르가 정지해 있다가 지구가 앞으로 움직일 때 지구를 통과해 다시 표류하는지를 알아내려는 것이었다. 그들은 100야드 떨어진 곳의 발자국도 알아볼 수 있을 정도로 정교한 기기를 고안해냈다. 하나의 광선을 두 부분으로 나누어 절반은 당시 실험이 이루어진 지구의 운동선 방향으로 앞뒤로 보내고, 나머지 절반은 이 운동선을 가로질러 앞뒤로 보냈다. 그러나 서로 다른 경로를 따라간 두 광선은 동시에 돌아와 정확하게 합쳐졌다.

측정기의 균차(均差)을 보정하기 위해 마이컬슨과 몰리는 측정기의 방향을 서로 바꾸어 다시 측정했지만 아무런 차이가 없었다. 빛은 지구의 움직임에 관계없이 동일한 속도로 이동했던 것이다.

이런 부정적인 결과는 마치 폭이 0.5마일인 강에서 한 척의 배는 강을 거슬러 0.5마일을 올라갔다가 물살을 따라 돌아오고, 다른 한 척은 강을 가로질러 건너갔다가 돌아오도록 보내는 경우처럼 놀랍다. 두 배가 동시에 돌아오게 된다면 이를 어떻게 설명해야 할지 당혹스러울 것이다.

이를 설명하는 한 가지 방법은 상류로 향하는 0.5마일 경로가 약간 짧게 측정되었다고 하는 것이다. 이것이 바로 네덜란드의 물리학자 로렌츠(Lorentz)가 마이컬슨-몰리 실험을 설명하는 방식이었다. 그는 지구의 운동선을 가로지르는 측정막대가 약간 짧아진 것이라고 했다.

에테르의 표류를 보정하는데 필요한 수축의 양은 매우 적을 것이다. 게다가 그 옆에 놓인 측정막대가 같은 비율로 변한다면 그 길이의 변화를 어떻게 측정할 수 있을까?

로렌츠의 설명은 반박할 수 없는 사실이었지만, 물질의 안정성에 대한 우리의 일반적인 생각을 뒤흔드는 것이어서 받아들이기 어려웠다.

아인슈타인은 로렌츠의 아이디어를 차용해 새로운 우주론의 기본원리 중 하나로 삼았고, 이 이론에서 여러 가지 놀라운 결론들을 추론했으며, 그 중 일부는 실험을 통해 확인되었다. 아인슈타인에 따르면 모든 물체의 크기와 모양은 운동의 속도와 방향에 따라 달라진다.

일반적인 속도에서는 그 변화가 매우 미미하지만, 광속에 가까운 초속 186,000마일에서는 그 변화가 상당히 커진다. 예를 들어, 초속 160,000마일로 화살을 쏜다면, 지구에 있는 사람이 측정한 화살의 길이는 절반 정도로 줄어들 것이다.

화살과 함께 이동하는 사람은 아무런 변화를 발견할 수 없다. 화살이거나 아주 작은 물질 입자일지라도 빛의 속도보다 더 빠르게 움직이게 할 수 있는 힘은 없으며, 이 한계에 가까워질수록 더 빨리 움직이기 위해 필요한 힘도 커진다. 즉, 물체의 질량은 우리가 생각했던 것처럼 절대적이고 변하지 않는 것이 아니라 운동 속도에 따라 증가한다는 것을 의미한다. 따라서 뉴턴의 역학법칙은 우리가 지구에서 실시하는 실험이나 천체의 관측에서 다루고 있는 보통의 속도로 운동하는 물질에만 유효하다. 빛의 속도에 가까운 속도를 고려하게 되면 일반적인 물리학 법칙은 점점 더 많이 보정되어야 한다.

어떤 사람이 빛보다 빠른 속도에 도달하고 있다면 다른 관찰자에게는 반대 방향으로 움직이는 것처럼 보일 것이다. 즉, 빛의 속도 이상의 모든 운동은 음의 운동이다. 어느 방향으로든 집에서 12,000마일 이상 떨어진 곳을 여행하는 여행자가 실제로는 더 멀리 갈수록 집에 더 가까워지는 것과 같다.

20년 전만 해도 물리학자는 이처럼 빠른 속도의 경우를 다룰 필요가 없었기 때문에 이런 생각에는 아무도 신경 쓰지 않았을 것이다. 그러나 라듐이 발견되었을 때, 이 금속이 거의 빛의 속도로 음전기 입자를 지속적으로 방출한다는 사실이 밝혀졌다.

이런 전자들이 물질은 아니라 해도 어쨌든 물질을 만들어내는 재료이다. 전자는 감지하고, 계산하고, 추적하고, 굴절시키고, 속도를 조절하고, 무게를 측정할 수 있다. 전자는 모든 것의 궁극적인 실체라 할 수 있는 매우 실질적인 존재이지만, 그 엄청난 속도 때문에 뉴턴의 세계에서 아인슈타인의 세계로 옮겨졌다.

4차원에 대한 소개

　앞서 말했듯이 아인슈타인의 세계는 우리에게 익숙한 세계와
여러 가지 면에서 다르다. 그의 세계에는 3차원이 아닌 4차원이
있다.

　이런 차원들 중의 하나가 시간일 것이다. 시간 역시 절대적인
것이 아니라 상대적인 것이어야 한다. 이것은 공간의 상대성보
다 상상하기 더 어렵다.

　어떤 학생들이 말하듯이, '우주에 아무런 물질도 없다면 중력
의 법칙은 쓸모없게 될 것이다.' 사실이다. 그리고 공간에서 모
든 것을 제거한다면 공간에는 무엇이 남을 것이며, 아무 일도
일어나지 않는다면 시간은 어떻게 될까? 다시 말해 공간과 시
간은 단지 생각의 한 가지 형태, 즉 관념의 틀에 불과한 것이 아

닐까? 그렇다면 새로운 개념의 필요에 따라 그것을 조정할 수는 없을까?

당연하게도 우리는 그렇게 한다. 우리는 유클리드와 그의 후계자들의 도움으로 모든 일반적인 요구사항에 완벽하게 작동하는 3차원 기하학을 구축했으며, 이러한 천문학적이며 물리적인 새로운 현상을 수용하기 위해 4차원이 필요하다면, 우리의 공간 개념에 필요한 추가사항을 쌓아올릴 것이다. 4차원에 포함시킬 것이 아무것도 없다면 4차원은 아무런 소용이 없다.

도시 부지를 배치하는 것과 같은 일반적인 지구 측정(기하학)의 경우 우리는 길이와 넓이라는 두 가지 차원만을 사용한다. 지구 표면의 모든 '직선'이 실제로는 25,000마일 이하로 이동한 후 다시 돌아오는 곡선이라는 사실에 관계없이 '평평한 땅'과 수평적인 '수위'에 대해 이야기한다. 매우 긴 거리를 측정할 때만 3차원에서 지구의 곡률을 보정해야 한다. 그러므로, 가능성이 있어 보이는 4차원 우주의 곡률을 천문학적으로 측정하는 것을 허용해야 한다면, 그것은 천문학자들에게는 약간의 노력을 의미할 뿐이며 그들의 당혹스러움도 어느 정도는 덜게 될 것이다.

다른 세 가지 차원보다 4차원에 대해 더 신비롭거나 불가사의하거나 '심령적인' 것은 없다. 차원은 단순히 측정 가능한 방향이며 필요한 경우 5차원 또는 n차원을 사용할 수 있다.

차원이 의미하는 것

차원 없음 :
수학적인 점이다. 위치는 있지만 크기가 없다.
·   이렇게 점으로 표현된다.

1차원 :
길이는 있지만 넓이는 없다
어떤 방향으로든 직선을 따라 이동하는 하나의 점에 의해 만들어진다.
━━━━   이렇게 선으로 표현된다.

2차원 :
지금 보고 있는 이 페이지와 같은 평면이다.
길이와 넓이는 있지만 두께는 없다.
길이(즉, 2차원)에 수직으로 이동하는 선에 의해 만들어진다.
서로 수직인 무한한 길이의 두 직선으로 표현된다.
선들은 축이라 부르며 x와 y로 부른다.
선들이 만나는 지점인 원점은 O로 표시된다.

3차원 :

정육면체 같은 입체. 길이, 넓이 및 두께가 있다.

다른 두 개와 수직인 방향으로(즉, 3차원으로) 평면을 이동하여 만든다. 종이에 그릴 수는 없지만, x, y, z의 세 축으로 표시되는데, 그 중 x와 y는 페이지의 평면 위에 있고 z는 다른 두 축과 직각으로 붙여야 한다. O 지점에서 종이에 핀을 꽂으면 세 번째 또는 z축이 된다.

4차원 :

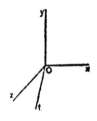

길이, 넓이, 두께 및 4차원 확장, 즉 시간이 있다.입방체를 다른 세 개에 수직인 방향(즉, 4차원으로)으로 이동하여 만든다.

종이에 그릴 수는 없지만 x, y, z 및 t(또는 u)의 4개 축으로 표시될 수 있으며, 각 축은 다른 3개의 축과 직각을 이룬다.

그 이상의 차원들:

원하는 수의 차원은 '수학적으로' 만들어낼 수는 있지만 도식적으로 표현이 불가능하기 때문에 점점 더 어려워진다. 우리는 0에서 무한대까지 모든 숫자를 나타낼 수 있는 'n차원의 기하학'을 말함으로써 아이디어를 일반화할 수 있다.

주어진 길이의 선은 무한히 많은 점들을 포함하고, 주어진 크기의 정사각형은 무한히 많은 선들을 포함한다. 주어진 크기의 정육면체는 무한히 많은 평면 정사각형을 포함한다. 주어진 크기의 테서랙트(tesseract, 4차원 입방체)는 무한히 많은 정육면체를 포함한다.

우리가 마음의 눈으로도 4차원의 도형을 '볼 수 없다'는 것은 중요하지 않다. 실질적으로 우리는 2차원보다 크거나 작은 도형은 볼 수 없으므로 다른 차원들은 믿음으로 받아들여야 한다.

수학자의 점은 차원도 없고 크기도 전혀 없기 때문에 아무도 볼 수 없다. 어느 학생이 '이것을 점 A라고 하자'라고 말하면, 우리는 그가 막대기로 가리키는 것이 점이 아니라 칠판에 있는 크고 불규칙한 흰색 분필 얼룩이지만 그대로 받아들인다. 마찬가지로 수학적 선은 오직 1차원인 길이만 있고 넓이는 없기 때문에 볼 수 없다.

하지만 네 개의 선을 서로 직각으로 붙이면 정사각형이 된다. 이렇게 하면 둘러싸인 표면이 그림자나 검정 인쇄물과 같은 특별한 색이라면 실제로 볼 수 있다. 여섯 개의 정사각형을 직각으로 세우면 정육면체가 된다.

정육면체는 한 번에 전체를 볼 수 없다. 정육면체를 정면에서 바라보면 정사각형만 보인다. 정육면체를 비스듬히 보면 측면에 마름모꼴 두 개가 있는 정사각형처럼 보인다. 눈의 망막은 사실상 평면이기 때문에 우리가 볼 수 있는 것은 입체의 2차원적인 투영뿐이다. 우리의 두 눈은 어떤 물체에 대해 약간 다른 그림을 보여주기 때문에 그 물체의 크기, 모양, 거리를 추측하지만 어림짐작일 뿐이다.

입방체를 입체적으로 본 적은 없지만 우리는 입방체에 대해 꽤 명확한 개념을 갖고 있다. 하지만 입방체에 상응하는 4차원 형상인 하이퍼큐브(hypercube, 초超입방체)를 시각화하려면 우리의 상상력을 한계점까지 끌어올려야 한다. 강력한 구성적 상상력을 타고난 일부 수학자들은 오랜 시간 고민하여 하이퍼큐브에 대한 어렴풋하고 찰나적인 인식을 얻어냈다고 주장하지만, 그들이 보았던 것이 비록 환상은 아닐지라도 평범한 사람들에게는 도움이 되지 않는다.

하지만 '이미지'는 상상할 수 없다 해도 우리는 하이퍼큐브에 대한 모든 것, 심지어 이름까지 알고 있다. 이것은 '테서랙트 (tesseract)'라고 하며, 여섯 개의 정사각형이 정육면체를 그리고 네 개의 선이 정사각형을 둘러싸고 있는 것처럼, 여덟 개의 입방체가 둘러싸고 있다. 테서랙트에는 24개의 정사각형 면과 32개의 모서리, 16개의 직각모서리가 있다.

4차원 도형을 그리는 법

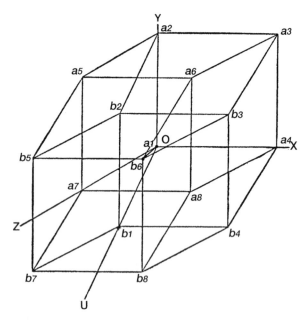

4차원 입방체의 구조에 대한 아이디어를 얻는 가장 좋은 방법은 다이어그램을 직접 그리고 그것을 둘러싸고 있는 8개의 정육면체를 차례로 그려보는 것이다. 다음 스케치와 설명은 버나드 대학의 램슨(K. W. Lamson)이 제시한 것이다:

네 개의 좌표축 OX, OY, OZ, OU를 그린다.

X축에 a1a4를, Y축에 a1a2를, Z축에 a1a7을, U축에 a1b1을 배치한다.
세 축 XYZ에 정육면체 a1a2a3a4a5a6a7a8을 그린다.
이와 평행하게 U축에 정육면체 b1b2b3b4b5b6b7b8을 그린다.
세 축 XYU에 큐브 a1a2a3a4b1b2b3b4를 그린다. 이것은 이미 부분적으로 그려져 있다.

세 축 XYU에 이 큐브와 평행하게 a7a8a5a6b7b8b5b6을 그린다.

이것으로 그림이 완성된다.

그림에는 위에서 설명한 큐브 외에 네 개의 다른 큐브가 있다:

XZU 축의 큐브 a1a4b1b4a7a8b7b8와 그 반대쪽 a2a3b2b3a5a6b5b6는 다음과 같다.

YZU 축의 큐브는 a5a2a7a1b5b2b7b1와 그 반대쪽 a6a3a8a4b6b3b8b4이다.

그림은 다음과 같다.

모서리 16개, 가장자리 32개, 경계 정사각형 24개, 경계 정육면체 8개.

굵은 선 a1b6는 주 대각선이라고 할 수 있으며 네 축 각각과 60도 각도를 이룬다. 밑그림에서는 짧게 표시되어 있지만 실제 길이는 큐브의 한쪽 가장자리의 두 배이다. 이 선을 제외한 모든 선은 4차원 도형의 바깥쪽에 있다.

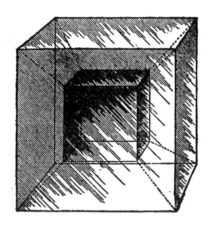

테서랙트

투명하다면 4차원 정육면체와 같은 입체는 이렇게 보일 것이다. 하지만 이 페이지와 같은 2차원 표면에 4차원 도형을 그리는 것은 당연히 불가능하다.

4차원으로서의 시간

공간에서 4차원을 상상하기는 어렵지만 4차원이 시간일 경우 그런 어려움이 없다. 사실, 우리는 이 생각을 항상 활용하고 있으며 이 생각 없이는 살아갈 수 없다. 어떤 사건의 위치를 고정하려면 4차원이 필요하다.

예를 들어, 한 남자가 총에 맞았다. 어디서? 뉴욕의 7번가와 42번가가 교차하는 모퉁이였다. 이렇게 하면 평면에서 직각으로 교차하는 두 좌표로 위치를 고정할 수 있다. 하지만 그 위나 아래, 즉 타임스 빌딩의 20층이었을까 아니면 지하철의 내부였을까? 이것을 알게 되면 3차원은 고정시키지만, 우리는 여전히 4차원인 시간으로 그 위치를 고정해야 한다.

오늘이었는지, 아니면 지난주의 몇 시였는지? 이 네 가지를 모두 알아내면 이 충격사건을 같은 시간대에 다른 장소에서 발생했을 수 있는 충격사건과 구별할 수 있다.

또는 이런 간단한 실례를 생각해 보자. 영화의 필름을 개별 장면으로 자른 다음 높이가 너비만큼 될 때까지 순서대로 쌓아올려보자. 그러면 입방체 사건이 생긴다.

입방체의 두 가지 차원은 공간적이며, 세 번째 차원은 공간적 형태라 해도 본질적으로 시간적이다. 중간에 있는 필름 중 하나가 현재를 나타낸다면 그 아래의 필름은 과거를, 그 위의 필름은 미래를 나타낸다.

여러분이 고른 필름 속의 사람들은 과거에 대한 흐릿한 기억과 미래에 대한 희미한 기대를 갖고 있다 해도 그곳에 묘사된 장면만 알고 있다. 하지만 필름더미 밖에 있는 여러분에게는 모든 장면이 보인다. 그 장면들은 모두 여러분에게 나타난다.

이것은 대부분의 기독교인들이 하느님을 과거와 미래가 하나의 영원한 현재를 형성하는 존재라고 생각하는 방식이며, 따라서 하느님은 과거에 있었고, 현재에 있고, 미래에 있을 모든 것을 동시에 본다.

한 사람의 일생 동안 하루에 한 장씩 찍은 스냅샷으로 필름더미를 구성한다면, 우리는 어린 시절부터 소년기, 장년기, 노년기에 이르는 그의 성장을 한 눈에 볼 수 있을 것이다. 우리는 그의 인생의 장면들을 앞뒤로 마음대로 돌릴 수 있다.

언젠가 우리는 네 번째 차원인 시간과 3차원의 장면으로 만든 입체영화를 보게 될 것이다.

시간을 4차원으로 생각하는 것이 새롭지는 않다. 1754년 달랑베르(d'Alembert)는 백과사전에서 '차원'을 정의하면서 '내가 아는 어떤 뛰어난 인물은 지속되는 시간을 4차원으로 간주할 수 있다고 믿는다'고 썼다.

1903년 민코프스키(Minkowski)는 이 아이디어를 수학적 형태로 풀어냈다. 항상 새로운 과학 이론을 재빨리 파악하여 이야기의 줄거리로 삼았던 H. G. 웰스는 1895년에 자동차를 타고 동서를 여행하듯 시간을 앞뒤로 이동할 수 있는 《타임머신》을 집필했다. 이 소설에서 그는 미래를 방문하여 인류가 말 그대로 쾌락을 즐기는 유한계급과 지하의 노동계급으로 나뉘어 사는 두 가지 종으로 나뉜 것을 발견한다.

《플래트너 이야기》에서 웰스는 폭발로 인해 — 우리가 흔히 말하는 다음 주 중반이 아니라 — 4차원 공간으로 떨어진 어느 화학교수에 대해 이야기한다. 열흘 후 그는 다시 우리 세계로 떨어졌지만, 3차원 공간에서는 불가능한 방식으로 심장이 오른쪽에서 뛰고 왼손잡이가 되었다는 것만이 그의 이야기가 사실이라는 유일한 증거였다. 3차원에서는 장갑을 뒤집어 반대쪽 손에 맞는 짝을 만들 수 있지만, 4차원 공간이 아니라면 입체를 뒤집을 수 없다.

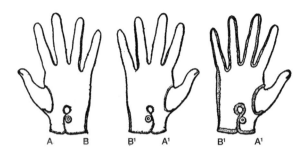

3차원 공간에서는 오른손 장갑과 왼손 장갑을 어떻게 돌려도 똑같이 보이게 만들 수 없다. 그러나 장갑 한 짝을 뒤집으면 안감이 바깥쪽에 나타나는 것 외에는 다른 장갑과 일치한다.

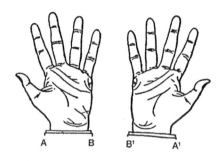

3차원에서는 두 손을 뒤집어 똑같이 보이게 할 수 없지만 4차원에서는 그렇게 할 수 있을 것이다.

웰스는 《서른 가지 이상한 이야기》에서 '데이비슨의 눈 이야기'를 들려준다. 런던의 실험실에서 일하고 있을 때 번개의 충격으로 시력에 영향을 받은 데이비슨은 주변의 익숙한 물체를 볼 수 없었고 대신 지구 반대편에 있는 남해의 섬을 보게 되었다. 웰스는 이런 터무니없는 제안을 기발하게 암시하면서도 4차원의 굽은 공간에서는 가능할 수도 있다고 공언한다. 조지 맥도날드의 환상적인 이야기 《릴리스(Lilith)》에서도 4차원을 소개한다.

3차원에서 측정한다면 서로 멀리 떨어져 있는 점들도 4차원에서는 서로 가까이 있을 수 있다. 시간이 4차원이라면 수천 마일 떨어져 있어도 같은 순간에 사건이 발생할 수 있기 때문에 이를 쉽게 이해할 수 있다. 그러나 좀 더 단순한 관점에서 문제에 접근하면 4차원을 시간적 차원이 아닌 공간적 차원으로 생각하는 것도 불가능하지는 않다.

3차원에 대한 생각 없이 2차원의 '플랫랜드(Flatland, 평평한 땅)'에 살고 있다고 생각해 보자. 아직도 문명화된 미국에는 '태양이 움직인다'고 믿고 지구가 '공처럼 둥글다'는 것을 부정하는 사람들이 있다. 즉, 그들은 3차원에서 지구의 곡률을 인정하지 않는다. 그러나 그런 사람이 '평평한' 땅과 물을 지나 '직선'으로 서쪽으로 여행한다면 놀랍게도 자신이 떠났던 25,000마일 뒤의 출발점으로 돌아오게 된다.

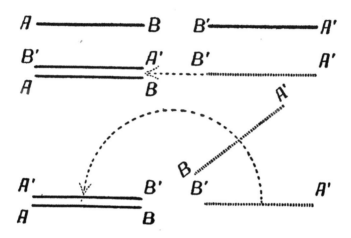

1차원에서 움직이면 B′ A′ 를 AB로 곧장 끌면 끝이 일치하지 않기 때문에 AB와 B′ A′ 의 선이 일치할 수 없다.

하지만 2차원을 통해 B′ A′ 를 움직이면 AB에 가져와 글자가 일치하게 된다.

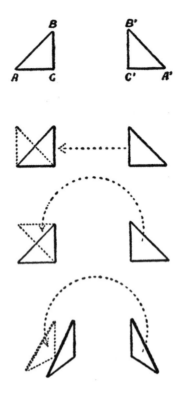

탁자의 윗면과 같은 2차원 공간에서는 이 두 개의 삼각형을 똑같은 위치에 놓을 수 없다. 한 쪽을 다른 쪽 위로 수평으로 끌어다 놓으면(1차원에서의 움직임) 서로 일치하지 않는다.

하나의 삼각형을 이리저리 흔들어도(2차원에서의 움직임) 여전히 일치하지 않는다. 그러나 삼각형 하나를 탁자에서 떼어내 뒤집어서(3차원에서의 움직임) 다른 삼각형 옆에 놓으면 완벽하게 일치한다.

벌레의 눈으로 보는 세상

　여러분이 벌레이며 ― 성경에서는 어쨌든 여러분을 벌레라고 말한다 ― 종이 위를 기어 다닌다고 가정해 보자. 기어 다니는 벌레의 사고방식으로는 틀림없이 우주를 피상적으로 바라보게 될 것이며, 인간이 4차원을 상상하지 못하는 것처럼 3차원을 상상하는 것은 불가능하다고 생각할 것이다.

　기어가는 과정에서 삼각형을 발견했다면 ― 만약 당신이 측정 담당 벌레라면 ― 속도를 조절하여 A에서 B까지의 거리가 8인치, B에서 C까지의 거리가 6인치라는 것을 알 수 있을 것이다. 당신이 직각삼각형 빗변의 법칙을 알고 있다면, 이 측정자료를 통해 A에서 C까지의 거리는 10인치라는 것을 계산할 수 있을 것이다.

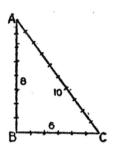

측정을 통해 예측이 검증되었다는 것을 알 수 있으므로 평면 기하학에 대한 완벽한 믿음을 가질 수 있다. 하지만 종이에 눈을 고정시키고 있는 미천한 벌레인 당신이 알아차리지 못하는 사이에 어떤 사람이 그 종이를 집어 구기거나 뒤집어버려 3차원에서 A와 C의 사이가 1인치밖에 떨어지지 않도록 만들었을 수도 있다. 이 두 점 사이의 거리가 10인치라고 생각한 벌레의 생각도 맞고, 1인치라고 말하는 그 사람의 말도 맞다. 관점에 따라 달라지는 것이다.

아인슈타인의 견해는 3차원 공간에 물질이 들어올 때 이런 종류의 변화가 일어난다는 것이다. 예를 들어, 우리는 어떤 원의 둘레를 지름으로 나누면 그 비율은 3.1415+로 나온다는 것을 알고 있다. 소수점 이하 707자리까지 계산되었지만 나머지는 생략하고 전체를 파이(Pi)라고 줄여서 부를 수 있다. 이렇게 그리스어로 쓰면 더 많이 배운 사람처럼 보인다.

아인슈타인에 따르면, 납으로 만든 총알과 같은 무거운 입자를 원의 중심에 놓으면 중력의 변형에 의해 원이 4차원으로 휘어지기 때문에 지름과 둘레의 비율은 파이보다 약간 작아진다. 이런 경우의 차이는 너무 작아서 알려진 도구로는 측정할 수 없지만, 기하학적 법칙에서는 가상이 아닌 실질적인 편차라고 생각해야 한다.

태양은 크고 무거운 천체이기 때문에 중력의 변형이 상당한 거리까지 확장되어야 하며, 이런 비틀린 공간을 통과하는 광선은 직선 경로를 따라갈 수 없을 것이다. 그리고 일식 관측에 따르면 직선 경로를 따라가지 않았다.

다른 모든 것과 마찬가지로 빛은 '가장 쉬운 길'을 따르며 이것이 언제나 일직선의 좁은 길은 아니다. 강은 바다로 가는 가장 짧은 길이 아니라 가장 쉬운 길을 택하며, 굽이치는 많은 경로를 통과한다.

우리는 대부분 뉴턴의 중력에 대해서 지구가 갑작스럽게 이탈하려 할 때 태양이 지구를 궤도로 끌어당기는 일종의 밧줄이라고 생각하고 있는 것 같다. 하지만 아인슈타인의 관점에서 보면 지구는 태양의 힘에 의해 긴장되고 왜곡된 시공간의 조합을 통해 가능한 최선의 경로를 선택한다고 생각해야 한다.

나는 아인슈타인의 태양계를 '태양이 거미처럼 한가운데에 있고 얽혀 있는 거미줄 주변을 파리처럼 돌아다니는 행성들이 있는 거미줄'로 상상한다. 하지만 각각의 행성들이 어디를 가든 끌어당기는 영향력을 발산하는 저마다의 미약한 거미줄이 있기 때문에 보다 더 복잡하다.

뉴턴의 아이디어는 더 간단하지만, 안타깝게도 빛은 적어도 뉴턴이 아닌 아인슈타인의 법칙을 따르고 있는 것으로 보인다. 그것이 바로 아인슈타인이라는 인물이 그토록 골치 아픈 이유이다. 그 자신의 이론을 형이상학적인 성찰에만 국한시킨다면 아무도 그의 이상한 개념에 대해 신경 쓸 필요는 없다.

그러나 그가 자신의 이론을 어떻게 증명할 수 있는지 설명하고 그의 추론에 따라 영국의 천문학자와 미국의 물리학자가 중요한 것을 발견한다면 그를 무시할 수는 없다. 그는 우리가 가진 대부분의 논리를 상식의 영역으로 한정시켰던 인류의 의견을 제대로 존중하지는 않는 것으로 보인다.

그는 머릿속에 아이디어가 떠오르면 유클리드나 뉴턴 그리고 다른 누구와 충돌하게 된다 해도 그 아이디어가 이끄는 대로 따라갔다. 예를 들어, 그의 두 가지 기본 가정 중 빛의 속도는 광원의 속도와 관계없이 일정하다는 두 번째 가정을 인정하게 된다면, 시간은 지역적인 문제라는 결론에 이르는 과정에서 그의 손을 뿌리치지 않는 한, 저항하지 못하고 끌려가게 된다.

즉, 멀리 떨어져 있는 두 개의 시계가 동일한 시간을 유지하고 있는지, 또는 멀리 떨어진 곳에서 두 가지 사건이 동시에 발생하는지에 대해 광신호로 알 수 있는 방법이 없다는 것이다.

시계를 빛의 속도로 한 장소에서 다른 장소로 쏘아 보낼 수 있다 해도 알 수 없다. 몇 초 또는 몇 년 동안 이동한다 해도 시계는 동일한 시간을 기록할 것이기 때문이다.

시계 대신 사람이 그 속도로 여행할 수 있다면 가는 도중에 늙지 않을 것이다. 아인슈타인에 따르면 사람이나 시계 또는 그 밖의 어떤 물질도 빛의 속도로 여행할 수 없다. 가장 작은 입자에도 그 정도의 속도를 제공하려면 무한한 힘이 필요하기 때문이다.

하지만 쥘 베른과 웰스가 달 탐사에 사용했던 것과 같이 사람을 태운 속이 빈 발사체를 광속의 2만분의 1의 속도로 우주로 날려 보냈다고 가정해 보자. 1년 후 그 발사체가 혜성처럼 어느 별의 중력에 걸려 빙글빙글 돌다가 지구로 다시 돌아온다면, 발사체에서 걸어 나온 사람은 두 살을 더 먹었겠지만 세상은 2백 년이 지났다는 걸 알게 될 것이다.

파리대학교의 랑주뱅(Langevin) 교수가 1911년 〈스키엔티아 (Scientia)〉에서 제안했듯이, 이것은 역사를 연구하는 흥미로운 방법이 될 수는 있다. 그러나 불가능하다고 말할 수는 없어도 위험한 일일 것이다. 하지만 프랑스 과학자들은 여전히 나폴레옹처럼 '불가능'이라는 어리석은 단어를 사전에서 찾아볼 수 없

어서, 에스노-펠테리(M. Esnault-Pelterie)는 속이 빈 발사체를
로켓처럼 후미에 라듐을 넣어 전자를 빠르게 발사하도록 준비
할 수 있다면 1000파운드의 라듐만으로도 35시간 내에 금성까
지 사람을 이동시킬 수 있다고 계산해냈다.

시간을 거꾸로 돌리기

시간과 공간의 불변성에 대한 우리의 고정관념을 누그러뜨리기 위해 과학 작가들의 도움을 받을 수도 있을 것이다. 프랑스의 유명한 천문학자 카미유 플라마리옹(Camille Flammarion)은 1864년에 사망한 한 남자의 이야기를 담은 《루멘(Lumen)》이라는 환상적인 작품을 발표했다.

죽은 그의 영혼은 곧장 하늘로 날아갔는데, 그곳은 마차부자리(Alpha Aurigae)의 가장 큰 별인 카펠라(Capella)의 행성들 중 하나였다. 그곳에서 초인적인 시력을 가진 그 천체의 자비로운 주민들과 만나 1793년 프랑스 혁명의 피비린내 나는 장면을 고통스럽게 지켜보면서 어떤 결과가 나올지 궁금해 했다.

지구에서 온 방문객에게 이것은 오래 전의 이야기였지만 마차부자리의 주민들에게는 현재의 광경이었다. 별의 거리가 지구에서 72광년이 걸렸기 때문에 그들은 72년 후에 지구의 현재 사건을 관찰하고 있었다.

자신이 원하는 속도로 빈 공간을 날아다닐 수 있는 힘을 갖게 된 이 파리지앵의 영혼은, 시간도 통제할 수 있게 되어 단순히 속도를 변화시키는 것으로 사건의 진행을 마음대로 앞당기거나 늦추거나 멈추거나 되돌릴 수 있다는 사실을 알게 되었다.

그가 정지해 있으면 지구상의 장면들은 정상적인 속도와 규칙적인 순서로 펼쳐진다. 그가 빛의 속도로 지구에서 멀어지면 모든 것이 정지한 것처럼 보였다. 그가 빛보다 빠르게 여행하면 훨씬 전에 지구를 떠났던 광선들을 추월하여 역순으로 사건을 보았다. 예를 들어 워털루를 내려다보면 시체가 흩어져 있는 전장과 말고삐를 잡아당기며 워털루를 향해 걸어가는 나폴레옹이 보였다.

다음은 우주 공간 사이(interspatial)에 있는 이 관찰자에게 보이는 전투 방식이었다.

눈이 그 장면에 충분히 익숙해졌을 때, 나는 몇몇 병사들이 영원한 죽음에서 벗어나 다시 살아나고, 단숨에 자리에서 일어서고 있다는 것을 알아차렸다. 죽은 기병들처럼 죽은 말들도 되살아나 다시 기병들을 태웠다. 2~3천 명의 병사가 다시 살아나

자마자 순식간에 전열을 갖추고 전투에 임하는 것을 보았다. 두 군대는 서로 마주보고 자리를 잡고 격렬한 분노에 휩싸여 필사적으로 싸우기 시작했다. 양쪽에서 전투가 격렬해지면서 병사들은 더욱 빠르게 살아났다.

……

포탄이 떨어져 밀집된 대열에 틈이 생길 때마다 죽음에서 소생한 자들이 즉시 그 틈을 채웠다. 하루 종일 포탄과 총알, 총검과 대검으로 서로를 갈기갈기 찢으며 싸웠던 두 군대는 치열했던 전투가 끝났을 때 단 한 명도 죽지 않았고 부상자도 없었으며 찢어져 너덜너덜했던 군복도 상태가 양호했고 병사들은 안전하고 건강했으며 대열은 질서정연한 형태를 유지했다.

두 군대는 마치 전투의 열기와 모든 분노가 몇 시간 전에 전장에 누워 있던 20만 구의 시체를 되살리는 것 외에는 다른 목적이 없었던 것처럼 천천히 서로에게서 물러났다.

이 얼마나 모범적이고 바람직한 전투인가!

같은 주제로 문학적 호기심을 불러일으키는 또 다른 작품으로는 디디에 드 슈시(Didier de Chousy)의 《이그니스(Ignis)》가 있다. 이 작품은 깊은 시추공 속으로 호수의 물을 흘려보내 지구 내부의 열을 이용하려고 시도했던 엔지니어들에 관한 이야기이다. 그 결과는 폭발이 일어나 지구의 일부가 떨어져 날아가는 것이었다.

하지만 우물을 통해 자신들이 떠나온 지구를 내려다보던 이 인공 소행성에 탑승한 승객들은 멀쩡한 호수와 도시를 볼 수 있었고, 폭발하기 전의 모습 그대로 일하고 있는 자신들의 모습도 볼 수 있었다.

이 지구의 파편이 빛의 속도보다 더 빠르게 우주로 발사되어 폭발 전에 떠났던 광선들을 따라잡고 있었기 때문이라는 설명이었다. 당연히 이 광선들은 폭발 이전의 장면을 운반하고 있었다. 그러나 우리가 의심했던 것처럼 아인슈타인은 이 이야기가 허구일 것이라고 말할 것이다.

그의 이론에 따르면 빛의 속도는 운동의 절대적인 한계이며, 속도의 무한대는 어떤 물질체도 뛰어넘거나 도달할 수 없기 때문이다. 그러나 플라마리옹이 상상의 우주 탐험에 사용했던 것과 같은 비물질적인 영혼의 가능한 속도에 대해서는 언급하지 않는다.

영화의 형이상학

그러나 이러한 환상적인 문학작품들로부터 사건을 보는 순서는 우리가 얼마나 빨리, 어떤 방향으로 움직이는지에 따라 달라지며 과거와 미래가 거꾸로 보일 수도 있다는 것을 알 수 있다. 이것은 영화를 통해서도 쉽게 알 수 있다. 필름을 잘못된 방향으로 감으면 동작이 거꾸로 이루어진다.

그래서 우리는 다이버가 물속에서 우아하게 올라와 스프링보드에 착지하는 모습을 보게 된다. 갓 부화한 병아리들은 이 험난한 세상을 보고선 깜짝 놀라 깨진 껍데기 속으로 침착하게 몸을 집어넣는다.

추수감사절이 완벽하게 끝나갈 무렵, 자상한 작업자는 영사기를 거꾸로 돌려 저녁 식사를 역순으로 다시 한 번 즐기도록 해줄 수도 있다. 그러면 칠면조 고기는 포크로 식사하던 사람들의 입에서 품위 있게 빠져나와 접시 위로 옮겨지는 것을 볼 수 있다. 이것이 고기 써는 사람에게 전달되면 그는 고기 조각을 깔끔하게 제자리에 올려놓고 칠면조 고기는 다시 오븐으로 보내져 구워지지 않게 된다. 그런 다음 요리사는 깃털을 붙인다. 고용인은 칠면조를 도마로 옮기고 빠르게 한 번 내리쳐 머리를 복원하고 칠면조는 뒤쪽으로 도망친다.

이 과정은 통상적인 순서와 마찬가지로 정확하다. 사건들의 순서는 동일하다. 원인과 결과는 이전과 마찬가지로 확고하게 연결되어 있으며 장소만 바뀐다. 이런 반전영화에서 보았던 것 외에는 우리 세계에 대해 아무것도 모르는 과학자라면 비록 열역학 제2법칙과 같은 일부 법칙의 형태가 거꾸로 되어 있기는 해도 영화로부터 지금과 동일한 일관되고 논리적인 자연법칙 체계를 추론해낼 수 있었을 것이다.

영화상영자에게는 크랭크를 더 빠르거나 느리게 돌려 시간이 흐르는 속도를 마음대로 바꿀 수 있는 능력도 있다. 때때로 그는 이 특권을 사용하는 방식에 너무 부주의하다. 예정된 시간에 늦었다면 그는 멕시코 광장에서 게으르게 낮잠을 자는 장면을 맥 세넷(Mack Sennett)*의 희극처럼 맹렬한 속도로 서둘러 상영

---

* 미국의 영화제작자로 저속촬영과 고속촬영 등 카메라 트릭을 활용하여 독특한 코미디 형식을 완성시켰다

한다. 하지만 식물의 성장, 꽃의 개화, 과일의 숙성 과정을 15분 안에 모두 보여줄 때처럼 시간 단축을 유용하게 활용할 수도 있다. 반면에 평소보다 두 배나 많은 사진을 찍고 일반적인 속도로 상영하여 움직임을 느리게 만들 수도 있다.

예를 들어, 개가 주인의 손에서 고기를 잡으려고 뛰어오르는 장면을 촬영하면, 개가 천천히 땅에서 일어나 공중에서 자세를 취한 상태에서 고기를 주의 깊게 관찰하면서 최적의 공격 지점을 선택한 다음 신중하게 양턱 사이로 고기를 물고 서서히 내려오는 모습을 볼 수 있다. 이 장면이 다른 어떤 장면들과 마찬가지로 개의 점프를 사실적으로 표현한 것이라는 사실에 주목해야 한다.

영화상영자는 클로즈업을 보여줄 때 단순히 공간의 크기를 확장하면서 시간의 길이를 확장했을 뿐이다. 얼굴이 16피트 화면을 덮고 있는 클로즈업 사진은 그보다 작은 사진과 마찬가지로 사실적이다.

우리 눈의 수정체가 조금 더 볼록했다면 언제나 보게 되었을 장면이다. 오페라 글라스의 작은 쪽 끝을 통해 사물을 바라보면 사물이 확대되어 보인다. 큰 쪽 끝을 통해 보면 사물이 축소되어 보인다. 이것은 착각이 아니다. 오페라 글라스는 실제로 우리가 보는 것을 확대하거나 축소한다. 따라서 시간 간격도 길어지거나 짧아질 수 있다.

(절대 그래서는 안되지만) 만약 마약을 복용했다면 지속 시간에 대한 인식이 연장된다는 것을 알 수 있다. 약물의 영향을 받는 동안 책을 떨어뜨리면 땅에 떨어지는데 한 시간이 걸리는 것처럼 보일 것이다. 드 퀸시(De Quincey)는 《아편쟁이의 고백 (Confessions of an Opium Eater)》에서 이러한 경험을 묘사한다. 그러나 이런 비정상적인 상태에 빠지지 않고도 우리는 모두 일상적인 경험을 통해 기분에 따라 시간이 얼마나 빨리 지나거나 느리게 흐르는지 알고 있다.

베르그송의 철학은 우리 모두가 경험하는 지속시간 개념과 물리학자들이 상대적인 측정을 위해 확립한 시간 개념 사이의 차이에 기반을 두고 있다.

> 우리는 시간이 아닌 행동으로,
> 호흡이 아닌 생각으로,
> 다이얼의 숫자가 아닌 감정으로 산다. - 페스투스*

우리가 아는 한, 하루만에 죽는 덧없는 곤충이 2세기 동안 존재하는 갈라파고스 거북이보다 더 긴 삶을 살 수도 있다.

마크 트웨인이 클래식 음악에 대해 '들리는 것만큼 그렇게 나쁘지는 않다.'라고 했던 말은 과학에도 적용된다. 화학자가 '염

---

* 영국시인 필립 제임스 베일리(Philip James Bailey(1816~1902)의 장편시.

화나트륨'이라고 부르는 것을 다른 사람들은 '소금'이라고 부른다. — 화학자도 평소에는 소금이라고 부른다.

과학자가 사용하는 다음절의 장황한 용어에 현혹되지 않도록 해야 한다. 단지 그런 용어로 무엇을 의미하려는 것인지 알기 위해 노력해야 한다. 새롭게 유행하는 비유클리드 기하학자들이 '4차원 시공간 연속체'라고 부르는 것은 본질적으로 여러분이 아장아장 걸을 때부터 사용해온 것과 동일한 참조체계이다. 민코프스키가 발명한 것이 아니다. 바보가 아닌 이상 누구나 그런 식으로 생각한다.

우리는 학교에 가기 훨씬 전부터, 대부분 말을 하기 전부터 우주에 대한 자신만의 철학을 구축해야 했다. 요람에 있을 때 우리는 기하학을 공부해야 했다. — 게다가 유클리드나 다른 사람의 도움 없이도 스스로 실용적인 기하학 체계를 만들어야 했다. 세상에 적응하기 전에 우리에게 다가오는 풍경과 소리와 촉감 사이의 관계에 대한 체계를 생각해내야 했다. 서로의 의견을 직접 비교할 방법이 없기 때문에 확신할 수는 없지만, 아마도 우리 모두는 거의 같은 방식으로 이 우주의 수수께끼를 풀었을 것이다.

자기중심적 우주 이론

그러나 우리 외부의 모든 것을 유지하기 위해 우리가 구성하는 틀은 본질적으로 다음과 같은 형태일 것이다.

여러분이 우주의 중심이다. 여러분이 고려하고 있는 모든 것과 모든 사건은 지금 여기에서 여러분과 관련이 있다. 여러분이 있는 이 지점과 시간에서 시작하여 가능한 한 서로 다른 여덟 가지 방향으로 무한대를 향해 뻗어나가는 여덟 개의 직선을 상상한다. 이 선들은 — 목적지, 방향, 차원, 좌표 등 원하는 대로 부르면 된다 — 좌우, 위아래, 앞뒤, 미래와 과거 등 네 개의 반대되는 쌍으로 구성된다.

머릿속을 가로지르는 이 네 개의 차원선을 따라 또는 그것들 사이의 어딘가에서 필요한 모든 것을 — 연필, 아메리카 대륙 발견, 태양, 다음 주 금요일 등 — 위한 공간을 찾을 수 있다. 이 모든 것을 변화를 나타낼 수 있는 선, 즉 공간과 시간에서 움직임의 궤적으로 연결할 수 있다. 여러분이 손에 쥐고 있는 연필을 아메리카 대륙의 발견과 연결하려면, 지구의 움직임은 고려하지 말고, 시간축에서 428년을 거슬러 올라가야 하고, 산살바도르*에서 얼마나 멀리 떨어져 있든 동서 및 남북의 방향에서 거리를 측정해야 한다.

존재하는 모든 것, 즉 지속되는 모든 것은 시간 차원을 따라 균일한 속도로 움직이고 있다. 물론 원한다면 시간 자체를 사물을 통과하는 흐름으로 생각할 수도 있다.

모든 움직임은 상대적이기 때문에 이런 관점도 다른 관점과 마찬가지로 '사실'이다. 그러나 정지된 공간에서 사물이 움직인다고 생각하는 것처럼 정지된 시간을 통해 사물이 움직인다고 생각하는 것이 더 간단하고 합리적이다. 이 페이지에 있는 마침표와 같이 정지해 있는 물질적 점(지구의 움직임은 계속 무시하자)은 공간에서는 움직이지 않지만 시간에서는 앞으로 나아가고 있다.

그러면 그 궤적은 시간 차원을 따라 직선이 된다. 즉, 물질적인 점이 네 번째 차원에서는 선이다. 이 페이지를 오른쪽으로 이동하면 시간 차원에 있는 마침표의 전방 이동이 단일 경사선의 측면 이동과 결합된다. 만약 페이지를 위쪽, 오른쪽, 뒤쪽으로 동시에 이동하면 점의 궤적은 네 개의 차원 모두에서 이동을 결합한 선이 된다.

시공간을 이동하는 이러한 점의 궤적을 '세계선(世界線, worldline)'이라고 한다. 이는 한 차원의 연속성이다. 모든 사건은 하나 또는 그 이상의 이러한 세계선이 교차하는 지점이며 우리는 그러한 교차점을 제외하고는 아무것도 관찰할 수 없다. 말하자면, 모든 일은 어디에서든 언젠가는 일어난다는 것이다.

영화관 스크린에서 깜박이는 장면은 3개의 차원을 갖고 있다. 말하자면 이것은 길이가 10피트, 높이가 6피트이고 16분의 1초 동안 지속되지만 두께는 없다. 사람은 반드시 4개의 차원을 갖고 있다. 그는 한 차원에서는 24~72인치일 수 있고, 두 번째 차원에서는 8~18인치, 세 번째 차원에서는 4~9인치, 네 번째 차원에서는 70년으로 측정될 수 있다.

결국 시간의 상대성에 대한 생각은 공간에 대한 생각보다 받아들이기 쉬워야 하는데, 이는 시간의 상대성이 경험에 반하는 것이 아니라 경험에 부합하기 때문이다. 우리가 개인적인 인식을 신뢰한다면, 우리는 잠들었다가 다음 순간에 깨어난다. 우리는 왜 우리 자신보다 태양과 시계를 우선적으로 믿어야 하는 것일까?

베르그송은 자신의 철학 전체를 개인이 살아가면서 느끼는 지속시간과 물리학자가 계산에 사용하는 시간을 구분하는데 기반을 두고 있다. 베르그송이 말했듯이 후자의 개념인 물리적 시간은 인간의 단순한 발명품이며 사실상 4차원의 공간이므로 그는 이렇게 결론지었다.

요약하자면, 자유와 관련한 모든 설명 요구는 자연스럽게 다음과 같은 질문으로 되돌아간다. '시간이 공간으로 적절하게 표현될 수 있을까?' 이 질문에 우리는 이렇게 대답한다. 만약 당신이 흘러간 시간을 다루고 있다면, '그렇다'이고, 흐르고 있는 시간에 대해 말하면, '아니다'이다.*

물리학자에게 과거와 미래는 동쪽과 서쪽처럼 방향만 다를 뿐 동일하다. 그러나 살아있는 사람에게 과거와 미래는 전혀 다른 것이다. 여행자가 양탄자를 돌돌 말아 가지고 다니듯, 사람은 어디를 가든 자신의 과거를 갖고 다니기 때문이다. 그렇기 때문에 웰스(Wells)의 《타임머신》과 필름을 거꾸로 돌리는 영화가 재미있는 것이다. 바퀴를 거꾸로 돌리는 것은 부조리한 일이 아니지만, 사람을 거꾸로 돌리는 것은 부조리한 일이다.**

---

* 베르그송 : 《시간과 자유 의지》 시간을 시각적으로 이해할 수 있을까? 지나간 시간은 더 이상 흐르지 않기 때문에 공간적인 개념으로 표현할 수 있다.
** 베르그송은 〈웃음〉에서 모든 유머는 사람을 기계적으로 행동하게 만드는 이 근본적인 부조리에서 비롯된다고 말한다.

물리학자는 모든 물리적 현상은 적절한 조건 하에서 되돌릴 수 있기 때문에 시간의 흐름을 거꾸로 돌리는데 아무런 거부감을 느끼지 않는다. 우주를 단순히 운동하는 물질로 해석하고 어느 순간 모든 개별 입자가 거꾸로 운동하면서, 같은 속도로 반대 방향으로 간다고 상상한다면, 세상의 모든 역사는 정반대의 순서로 재현되고 지구는 태초의 성운으로 돌아갈 것이다.

웰스의 소설 《새로운 가속기》에서 어떤 교수는 삶의 속도를 천 배로 늘리는 묘약을 발명한다. 이 묘약을 복용하면 격렬한 행동을 하는 사람들이 움직이지 않는 밀랍인형처럼 보인다. 떨어지는 물체는 공중에 정지한 것처럼 보인다. 밴드의 음악은 '저음의 덜컥거리는 소리' 또는 '거대한 시계의 느리고 둔탁한 소리'로 바뀐다. 그러나 이에 대한 보상으로 묘약을 상용하여 가속화된 사람은 느리게 퍼덕이는 벌의 날개를 여유롭게 볼 수 있다.

하지만 상상력이 뛰어났던 웰스라 해도 과학의 발전 속도를 따라잡기란 쉽지 않았다. 그가 상상의 눈으로만 보았던 것을 우리는 실제로 관찰할 수 있다. 축음기의 가속 레버를 눈금의 끝으로 움직이면 음악처럼 들리지 않을 때까지 곡의 속도를 늦추고 음의 높이를 낮출 수 있다. 새로운 초고속 카메라는 초당 160장의 속도로 사진을 촬영할 수 있다.

이 사진들을 초당 16장의 일반적인 속도로 화면에 투사하면 모든 움직임이 실제보다 10배 느리게 진행된다. 따라서 커브를 던지는 야구 선수의 동작이나 벌새의 날갯짓, 구슬 때문에 튀어 오르는 물방울이나 총알이 날아가는 모습 등을 자세히 연구할 수 있다. 움직임을 마음대로 확대하거나 축소할 수도 있다.

영사기는 말의 다리가 움직이는 방식을 연구하여 한 경주자가 다른 경주자보다 더 빨리 달리는 이유를 알아내고자 했던 르랜드 스탠포드(Leland Stanford) 상원의원의 열망에서 비롯된 것이었다.

웰스와 플라마리옹이 탐닉했던 유쾌한 과학적 상상력의 비약과 카메라맨이 우리를 즐겁게 해주는 장난스러운 영상은 수학 공식을 일상생활의 용어로 해석하는데 어려움을 느끼는 사람들에게 유용하다.

형이상학을 공부하는데 깜박이는 화면으로 펼쳐지는 세상보다 더 좋은 것은 없다. 그곳에서 인간은 시간과 공간을 완전히 통제할 수 있기 때문이다. 어떤 물체든 확대하고 축소할 수 있다. 어떤 행동이든 빠르게 하거나 느리게 또는 거꾸로 돌릴 수도 있다. 몇 달이나 몇 마일 떨어진 곳에서 일어나는 사건을 동시에 화면에 나타낼 수 있다.

따라서 영화를 통한 학습의 혜택을 받은 우리에게는 아인슈타인의 시간과 공간의 상대성에 대한 아이디어가 놀랍거나 상상할 수 없는 것처럼 보이지는 않는다.

칸트는 3차원 이상의 가능성을 생각했을 뿐만 아니라 그럴 개연성이 있다고 믿었다. 그의 주장은 오늘날 우리가 주장하는 것보다 전능자의 의도에 대한 더 큰 통찰력을 바탕으로 한다.

만약 우주에 다른 차원들의 발전이 가능하다면 신이 어딘가에서 그것을 만들어냈을 가능성 또한 매우 높다. 그분의 작품에는 상상할 수 있는 모든 웅장함과 다양성이 있기 때문이다.

우리 현실의 시간적, 공간적, 물질적 세계에서는 네 가지 차원이 함께 어울려 있어야 한다. 그러나 모든 물질로부터 무한히 멀리 떨어진 곳에서는 이 네 가지 차원의 조합은 3차원의 공간과 1차원의 시간으로 분해될 것이다. 그 초월적인 영역에서 시간은 흐름을 멈추고, 중력은 더 이상 아래로 끌어당기지 않으며, 물질은 존재하지 않고, 빛은 움직이지 않으며, 변화는 불가능하다.*

그래서 새로운 수학은 기묘하게도 관습적인 천상의 개념과 비슷한 상태로 이어진다.

---

* 따라서 우리는 위에서 열거한 이 모든 역설적인 현상들(또는 오히려 현상의 부정들)이 영원의 끝이거나 영원의 시작 이전에만 일어날 수 있다고 말할 수 있다. – 드 시터 (De Sitter)

우리는 우리 조상들이 그랬던 것처럼 '지구의 종말'에 대해 말하고 있지만, 인간은 자신의 집에서 출발해 지구의 종말에 이르지 못하고 영원히 어느 방향으로든 걸어갈 수도 있다는 것을 알고 있다. 하지만 지구의 표면은 끝이 없다는 의미에서 무한하지만, 그가 어디를 떠돌든 집으로부터 8,000마일 이상 떨어져 있을 수는 없다. 만약 어떤 사람이 지구상에서 가장 높은 산의 정상에 서서, 어느 방향으로든 수평으로 총을 겨누고, 중력의 영향을 상쇄할 수 있을 만큼 충분한 속도가 주어진다면, 그 총알은 전 세계를 돌아 그의 뒤통수를 맞출 것이다.

또는 빛이 중력에 의해 충분히 굴절되어 지구 둘레의 수평선을 따라간다면— 또 다른 터무니없는 가정이지만 — 어느 방향에서든 수평으로 망원경을 통해 들여다보고 있는 그는 자기 뒤통수의 머리카락이 어떻게 빗겨져 있는지를 볼 수 있을 것이다. 비록 불가능하지만, 이런 일들은 세상은 둥글며, 우리가 평원이나 바다에서 측정하는 직선이나 수평선이라고 부르는 것이 4천 마일 아래의 중심(지구핵. 지구 중심의 약 4분의 1을 차지한다)을 둘러싼 정말 커다란 원형이라는, 상상할 수 없는 것이 아닌 우리 지식의 논리적인 결과이다.

우리가 천문학적 공간에서 직선이라고 부르는 선들이 미지의 4차원에서 감지하기 어려운 곡률을 가질 수 있다는 것 또한 상상할 수 있지 않을까? 만약 이 곡선이 지구의 둘레처럼 닫혀 있다면, 비록 통과하거나 지나가는 물질에 의해 굴절되거나 반사되지 않더라도, 특정한 방향으로 직선 경로를 나아가는 한 줄기 빛은 결국 자신의 궤도로 돌아올 수 있게 된다.

빛이 즉시 전달된다면, 무한한 힘을 가진 망원경으로 우주 공간의 한 점을 직접 겨냥하면 관찰자는 자신의 등을 볼 수 있을 것이다. 하지만 빛이 즉시 전달되지 않고 우주의 곡률이 있다면 매우 미미할 것이기 때문에, 지구가 이전의 위치로 돌아왔다고 가정하면 관찰자가 볼 수 있는 것은 수백만 년 전의 어느 지질학적 시대의 풍경일 수도 있다.

비유클리드 기하학

공간 자체가 곡면일 수 있다는 생각 그리고 유클리드 시대 이후 기하학의 기반이 된 공리(公理)와 가정이 절대적이며 정확하고 영원하고 보편적인 진리가 아닐 수도 있다는 생각은 지난 50년 동안 부지런히 연구되어 왔다.

러시아의 로바체프스키(Lobatchewsky), 헝가리의 볼라이(Bolyai), 독일의 리만(Riemann)은 유클리드와는 정반대의 전제에서 출발한 기하학 체계를 발전시켰다. 이러한 체계는 일반 기하학이나 유클리드 기하학만큼이나 논리적이고 일관성이 있다.

비유클리드 기하학은 처음에는 단순한 수학적 상상력의 변종으로 여겨졌지만, 이미 우리 사고의 기본원리를 재고하도록 이끄는 가치가 있으며, 만약 아인슈타인이 옳다면 물리 현상을 설명하는데 필요할 수 있다는 것이 입증되었다.

수학자가 쓸모없는 것을 발견하기는 어렵다. 미국의 한 저명한 수학자는 새로운 정리를 발표하면서 이렇게 외쳤다. '하늘에 감사하게도, 이 정리를 활용할 가능성은 찾아볼 수 없다.' 그러나 그런 말을 했던 이유가 무엇이든 그의 자랑은 성급한 발언이 되고 말았다. 오늘날 기계공들은 발전기의 권선을 감는 방식을 알아낼 때 그의 정리에 따라 $\sqrt{1}$과 같이 4차원에서만 실수(實數)인 허수(虛數)을 사용했기 때문이었다.

수학적 능력이 부족하거나 개발되지 않았으며, '인간적인 흥미'가 있는 구체적인 것을 좋아하는 독자라면 1891년 보스턴에서 출판된 책인 《사각형이 쓴 플랫랜드(Flatland by A Square)》에서 자신이 원하는 것을 찾을 수 있을 것이다.

에드윈 애벗 목사로 밝혀진 저자는 땅에 대해 오직 두 가지 차원으로만 이야기한다. 지배계급은 다각형, 부르주아계급은 정사각형과 정삼각형, 하층계급은 밑변이 좁은 이등변 삼각형으로 구성된 반면, 범죄자들은 더 불규칙한 형태를 가졌고 여성은 뾰족한 바늘에 불과하다. 모든 사람이 하나의 평면에 국한되어 있기 때문에 정사각형 안에 배열된 네 개의 선은 좁은 감옥이 된다.

플랫랜드의 주민들은 거의 원형에 가까울 정도로 면이 많은 귀족적이고 지적인 개인조차도 4차원에 있는 존재가 우리의 내부를 볼 수 있는 것처럼, 3차원에 있는 존재가 그들의 집과 금고 및 신체 내부를 한눈에 내려다볼 수 있다는 것은 생각하지 못한다. 화자, 즉 플랫랜드의 사각형(A Square)은 모든 사람들이 하나의 선에 늘어서서 선 외부의 것을 믿지 않으려는 2차원의 땅에 선교사로서 방문한다. 마침내 무차원의 고독한 점(點)을 만난 사각형은 그를 변화시키기 위해 애쓰지만 우리가 예상했듯이 그가 구제할 수 없는 유아주의자(唯我主義者)라는 것을 확인하게 된다.

슬레이드(Slade)가 사기꾼으로 밝혀지지 않았다면 우리는 모두 여러 해 동안 4차원에 익숙해져 있었을 것이다. 슬레이드는 미국인 영매로, 쵤너(Zöllner) 교수에게 4차원의 실험적 증거라는 것을 제공하여 그를 농락했다.

쵤너는 독일의 저명한 물리학자이자 라이프치히 대학의 천문학과 교수로, 나이가 많고 근시였으며 영매술에 심취해 있었던 속임수에 취약한 사람이었다. 쵤너가 요구하는 어떤 증거이든 슬레이드는 다음 강령회에서 대부분 제시할 수 있었다.

슬레이드가 불러낸 친절한 영혼들은 3차원에서는 할 수 없지만 4차원에서는 할 수 있는 모든 일을 도와주었다.

쵤너는 끈의 끝을 하나로 묶어 탁자 위에 봉인하고 고리는 보이지 않도록 탁자 아래로 내려뜨렸다. 그런 다음 끈에 매듭을 하나 묶어 달라고 요청했고 영혼들은 네 개의 매듭을 묶었다. 쵤너는 또한 자신이 봉인된 상자 속에 직접 넣었던 동전들이 꺼내졌으며, 봉인된 석판에 글이 작성되어 있었다고 보고한다.

이런 실험들을 바탕으로 쵤너는 4차원에 다른 세계가 존재한다는 것을 입증하기 위해 '초월 물리학(Transcendental Physics)'에 관한 책을 썼다.

그러나 슬레이드가 런던에서 속임수를 시도하면서 E. 레이 랭케스터(E. Ray Lankester) 교수에게 발각되었다. 슬레이드는 경찰 법원에서 사기죄로 유죄 판결을 받고 3개월의 징역형과 함께 중노동을 선고받았다. 오늘날 슬레이드의 유명한 슬레이트 쓰기 마술을 위한 장치들은 마술사 가게 어디에서나 구입할 수 있다.

진위가 의심스러운 현상이 특정 조건 하에서는 재현될 수 없지만 항상 교묘한 속임수를 사용하는 영매가 마련해둔 상황에서 가끔씩만 나타나는 강령회장에서 과학적인 어떤 것이 나올 것이라고 기대하는 것은 헛된 일이다.

1차원의 공간(직선)에서는 휘어짐, 고리, 매듭이 있을 수 없다.

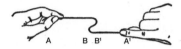

2차원 공간(평면)에서는 끈을 이중으로 굽힐 수는 있지만 고리나 매듭은 만들 수 없다.

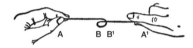

하지만 하나의 끈을 (3차원 속으로) 들어 올려 다른 끈 위에 올려놓으면 다음과 같다.

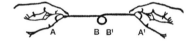

고리를 만들 수 있지만 끝단을 이용하지 않고는 매듭을 만들 수 없다.

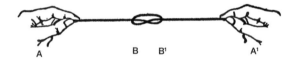

이와 같은 매듭은 끈의 끝을 손으로 잡고 있는 한 만들 수 없다. 그러나 4차원을 사용할 수 있다면, 2차원을 사용하여 구부리고 3차원을 사용하여 고리를 만드는 것처럼 쉽게 매듭을 묶을 수 있다.
그런 매듭을 끈으로 묶어 고정할 수 있다면 4차원 공간이 존재한다는 실험적 증거가 될 것이다.

아인슈타인을 비롯한 과학자들이 현재 고려하고 있는 4차원은 죽은 영혼의 거처나 유령 순례자를 위한 여분의 공간이 아니라 단지 수학 공식의 새로운 요소로만 여겨진다. 닫힌 금고에서 동전을 꺼내거나, 쪼개지 않은 코코넛에 동전을 넣을 수 있을 거라는 기대는 없지만 희귀하고 미세하지만 회의적이든 믿음이 있든 누구나 관찰할 수 있는 특정한 시각적 현상을 설명할 수 있는 가능성을 제시한다.

몇 가지 단순한 예들

　리스본은 뉴욕에서 동쪽으로 거의 일직선인 곳에 있지만, 선장이 리스본으로 가고자 할 때 동쪽으로 똑바로 항해하지 않고 처음에는 약간 북쪽으로, 마지막에는 약간 남쪽으로 항로를 설정하면 위도선을 따라 항해할 때보다 더 빨리 리스본에 도착할 수 있다.

　선장의 항로를 평면인 지도에 그리면 선장이 우회하는 경로를 따라 항해하고 있다고 생각할 수 있지만 지구본에서 추적하면 지구 표면의 두 지점 사이의 최단 거리인 측지선(測地線)이라는 커다란 원을 따라 항해하고 있음을 알 수 있다.

　바위와 언덕이 많고 숲이 우거진 지역을 내려다보는 비행사는 그곳을 평평한 평야로 보게 된다. 그래서 사냥가방을 들고 집으로 돌아가는 사냥꾼을 보면서 직선으로 곧장 가는 대신 불규칙한 길을 에둘러 가는 것을 의아해 할 것이다.

그러나 지친 사냥꾼은 바위를 피하고 언덕을 돌면서 집으로 돌아가는 가장 짧은 길을 택하고 있는 것이다. 가장 쉬운 길이 가장 짧은 길이다.

바다로 향하는 강은 언제나 가장 짧은 길을 택한다. 강이 구불구불한 것이 아무 의미도 없는 것이 아니라 기하학 법칙만큼이나 엄격한 법칙에 의해 결정된다. 즉 강이 언덕을 넘어가는 지름길을 택하지 못하도록 막는 것은 중력의 법칙이다.

뜨거운 평원이나 모닥불 위 또는 거칠거칠한 유리를 통해 풍경을 보면 고르지 못한 매질을 통과할 때 광선은 굴절되고 뒤엉키기 때문에 이미지가 왜곡되고 혼란스러워지는 것을 볼 수 있다. 그러나 각각의 광선은 당신의 눈을 향해 최대한 직선으로 가고 있는 것이다.

아인슈타인은 광선이 통과하는 공기나 유리의 고르지 않은 밀도로 인해 직선 경로에서 휘어지는 익숙한 사례에 태양과 같은 커다란 천체 근처와 같은 강한 중력장을 통과할 때도 똑같이 굴절된다는 또 다른 의외의 결과를 추가했다.

공간과 시간에서 지구의 변위(즉, 지구의 운동)가 우주에서 별의 겉보기 변위를 유발한다는 사실은 오랫동안 알려져 왔다.

천문학자는 망원경으로 별을 관측할 때 일직선으로 향하지 않는다. 만약 그렇게 했다면 지구의 전진운동으로 인해 별에 도달할 광선의 범위 밖으로 망원경이 이동하기 때문에 별을 볼 수 없게 된다.

기차에서 날아가는 새나 들판의 개를 총으로 쏘려고 시도한 적이 있다면 쉽게 이해할 수 있다. 또는 이런 경험이 없다면 차창으로 빗방울이 떨어지는 것을 본 적이 있을 것이다.

빗방울이 수직으로 떨어질 때 차가 앞으로 나아가면 비스듬히 유리창에 부딪히는 것을 본 적이 있을 것이다. 차가 빠르게 움직일수록 빗방울이 수직에서 벗어나는 편차는 커진다.

차가 후진하면 빗줄기는 반대 방향으로 기울어진다. 만약 비를 내리는 구름이 있는 방향을 지적하라는 요청을 받는다면, (수직 방향의 위쪽이 아닌 때로는 앞쪽으로 때로는 뒤쪽으로) 차창에 떨어지는 빗줄기의 방향과 관련하여 차의 이동을 인식하고 감안하지 않는다면 비구름의 실제 위치를 정확히 알아낼 수는 없다.

광선은 공기에서 물이나 유리와 같은 밀도 높은 매질로 들어갈 때 직진 경로에서 벗어나 구부러지며, 이런 굴절로 인해 빛이 나오는 물체의 위치가 바뀐다는 것은 누구나 알고 있는 사실이다. 아인슈타인의 이론과 영국의 일식 관측은 이전에는 알려지지 않았던 사실, 즉 태양과 같은 큰 물체의 중력장을 통과할 때도 광선이 직진 경로에서 눈에 띄게 벗어나 구부러지며 마찬가지로 광원인 별의 위치가 명백하게 이동한다는 것을 증명했다.

-블랙 앤 데이비스(Black & Davis)의 〈실용 물리학〉에서 발췌. 맥밀란 발행.

천문학자는 지름이 약 186,000,000마일인 고리 주위를 돌진하고 있는 지구라는 움직이는 기차를 타고 있다. 따라서 모든 별은 작은 타원을 그리며 흔들리는 것처럼 보이며, 천문학자는 별을 망원경의 십자선에 맞추기 위해 별의 실제 위치를 한쪽으로 조준했다가 다른 쪽으로 조준해야 한다.

이러한 별의 겉보기 변위를 '광행차(光行差)'라고 하는데, 1818년 프레넬(Fresnel)은 모든 공간이 파동운동의 형태로 광선을 직선으로 전달하는 부동의 매질인 에테르로 채워져 있고, 비행기가 정지된 공기를 통과하는 것처럼 지구는 변위 없이 에테르를 통과한다는 가정 하에 이 광행차를 설명했다. 최근까지는 모든 사람이 만족할 만한 설명이었다.

그러나 비행사는 자기 얼굴로 되돌아오는 공기의 흐름을 통해 자신이 얼마나 빨리 움직이고 있는지 알 수 있다. 그렇다면 에테르는 완벽하게 정지해 있는데, 지구의 기공을 통과하는 에테르의 흐름을 측정하여 우주를 통한 지구의 절대운동을 결정할 수 없는 이유는 무엇일까? 빛은 물질을 통과하는 에테르의 표류를 측정할 수 있는 수단을 제공하는 것으로 보인다.

빛은 에테르에 의해 전달되므로 수신 기기가 지구의 운동에 의해 광원을 향해 이동한다면, 당연히 멀어져 가는 경우보다 일정한 거리를 이동하는데 걸리는 시간이 더 적을 것으로 예상해야 한다.

이 문제는 두 명의 미국 물리학자 마이컬슨과 몰리에 의해 결정적인 시험대에 올랐다. 그들은 지극히 섬세하게 2천 5백만 분의 1인치의 차이를 감지할 수 있는 기구를 만들어냈다. 하지만 그들의 기구는 에테르 흐름을 감지하는데 필요한 것보다 10배는 더 섬세했지만 그런 흐름의 증거는 발견할 수 없었다.

일식 관찰

과학사에서 1919년은 독일 제국이 전복된 해가 아니라 뉴턴의 중력법칙이 전복된 해로 알려질 가능성이 높다. 1919년 5월 29일 일식 관측을 위해 아프리카로 떠났던 영국 천문학자들은 태양 근처를 지나가는 광선이 직선 경로를 벗어나 휜다는 증거를 가지고 돌아왔다. 태양에 그림자가 드리워지는 6분 동안 촬영한 사진에는 주변의 별들이 태양 원반이 중심에 있지 않을 때와는 다른 위치에서 보이는 모습이 담겨 있다.

아인슈타인이 뉴턴을 뛰어넘은 것은 이번이 두 번째다. 첫 번째는 수성의 궤도에 관한 것이었다. 뉴턴의 법칙에 따르면 우주에 태양과 수성만 있다면 수성은 태양 주위를 동일한 타원 궤도를 따라 영원히 공전하게 된다. 그러나 다른 행성들의 존재가 수성을 이 규칙적인 궤도에서 벗어나도록 만들기 때문에 수성은 결코 동일하지 않은 타원을 그리며 천천히 이동하게 된다. 그래서 수세기를 지나는 동안 수성의 긴 직경은 다른 방향을 가리키게 된다.

뉴턴의 법칙에 따라 계산한 결과, 천문학자들은 다른 행성들의 영향력이 수성의 궤도를 한 세기 동안 532각초(아크초 seconds of arc) 이동시킨다는 사실을 밝혀냈다.

그러나 수성을 관측한 결과 수성의 궤도가 574초의 속도로 이동한다는 것을 발견했다. 관측과 이론의 불일치인 42초는 기기나 관측의 오류로 설명할 수 있는 것보다 30배나 큰 차이였다. 그러나 아인슈타인의 이론에 따르면 태양과 수성이 우주에 다른 행성의 간섭 없이 홀로 있다면 수성의 공전 궤도는 동일하게 유지되지 않고 1세기당 43초의 속도로 전진하게 된다. 이는 뉴턴 이론에서는 설명할 수 없었던 것으로, 2세기 동안 천문학자들을 당혹스럽게 했던 불일치와 상당 부분 일치한다.

45년 전 맥스웰(Maxwell)이 생각한 빛의 전자기 이론은 연구의 훌륭한 지침이 되었으며 무선 전신과 같은 많은 실용적인 응용분야로 이어졌다. 이 이론에 따르면 수마일 길이의 마르코니

(Marconi)* 파동, 우리가 열로 느끼거나 빛으로 보는 무한히 작은 파동, 그보다 더 미세한 X-선 파동은 길이만 다를 뿐 같은 종류의 운동이며, 공간에서 모두 초당 186,000마일의 동일한 속도로 이동한다.

맥스웰 이론의 함의들 중의 하나는 ─ 비록 최근까지도 감지되지는 않았지만 ─ 소방관의 호스에서 분사되는 물줄기가 집의 측면을 밀어내는 것처럼 빛과 이러한 모든 파동은 부딪히는 물체에 일정한 압력을 가해야 한다는 것이었다. 빛의 압력은 대단히 미미해서 전혀 감지되지 않았지만, 예일대의 E. F. 니콜스 교수와 다트머스의 G. F. 헐 교수에 의해 실제로 감지되고 측정되었다. 햇빛은 160톤의 힘으로 지구에 떨어진다.

이론과 실험 모두 광선에는 관성 또는 질량, 즉 광선이 물 분사처럼 밀어내는 성질이 있다는 것을 보여줬으며, 이번 일식 탐사를 통해 중력의 당김이 물 분사처럼 광선을 굴절시킨다는 사실이 증명되었다.

즉, 광선에는 무게가 있으며, 중력에 의해 끌어당겨진다. 중력에 의한 광선의 편향은 무척이나 적지만, 최근 개기일식 때 촬영한 사진을 보면 태양 근처를 지나간 별빛이 직선 경로에서 벗어나 구부러진 것을 볼 수 있다.

---

* 마르코니(1874-1937) 무선전신을 발명한 이탈리아의 전기 학자로 노벨 물리학상을 수상했다(1909).

태양이 구부리지 않았을
경우의 직선 경로

별의 명확한 이동

 EARTH

 SUN

태양에 의해
굴절된 광선

한 줄기 별빛

 STAR

일식 탐험대는 태양의 주변에서 보이는 별들이 태양이 중심에 있지 않을 때의 위치에서 약간 이동한 것처럼 보인다는 사실을 발견했다.

이것은 별에서 나오는 광선이 태양 가까이 지나갈 때 굴절되거나 휘어 지는 것을 보여주며 빛이 중력의 영향을 받는다는 아인슈타인의 이론 을 확인시켜 준다. 관측된 편향 각도는 아인슈타인이 예측한 각도와 거 의 일치하지만 뉴턴의 중력 이론에서 규정한 각도보다 두 배나 크다. 물 론 이 그림에서는 편향된 광선의 각도와 거리 대비 태양과 지구의 크기 는 많이 과장된 것이다.

내가 제시할 수 있는 것보다 더 훌륭한 설명은 올리버 롯지 경이 1915년 12월에 〈19세기〉에 발표한 '중력의 새로운 이론'을 다룬 흥미로운 기사에서 찾아볼 수 있다.

* * *

길이가 무한한 가느다란 실크 실을 매끄러운 탁자나 방바닥 표면 위로 똑바로 편다. 실의 한쪽 끝에는 별이 있고 다른 쪽 끝에는 눈이 있다고 상상한다. 그리고 그 실을 별이 사방으로 방출하는 광선들 중 하나라고 생각한다. 즉 관찰하는 눈의 방향으로 방출되는 광선이다.

실 근처에 동전을 올려놓고, 실의 눈 쪽 끝에서 10피트 정도 떨어지도록 한다. 이제 실이 거의 감지할 수 없는 1/1000인치 정도로 밀려날 때까지 동전을 앞으로 부드럽게 밀어낸다. 실을 보면 이제는 광선이 더 이상 절대적인 직선이 아니라는 것을 알 수 있다. 다시 말해, 그 광선에 의해 겉보기위치가 결정되는 별이 약간 이동한 것처럼 보일 것이다. 비율은 동전의 크기에 의해 정해지며, 동전의 지름 1인치는 태양의 직경인 80만 마일을 나타내는 데 사용된다. 눈과 태양 사이의 10피트 거리는 실제로 눈이 지구에 있다고 가정할 때 지름은 100분의 1인치, 즉 이 문장에 있는 마침표 정도의 크기에 해당하는 지점이다.

실의 다른 쪽 끝에 있는 별의 거리는 전혀 중요하지 않다. 하지만 이 비율로 보자면 약 8광년 떨어져 있는 가장 가까운 별들 중의 하나는 실의 길이가 천 마일은 되어야 한다는 것은 흥미로울 것이다.

광선은 이제 긴 여정에서 태양 근처를 지나갈 때 구부러지거나 편향되어 10피트 거리에서 1/1000인치의 위치를 벗어난다. 그리고 관찰자에게 이러한 광선의 기울기 효과는 태양이 실제로 뒤에 있을 때 태양의 '경계'에 있는 별을 볼 수 있게 하거나 실제보다 태양의 '경계' 또는 가장자리에서 약간 더 멀리 떨어진 별을 볼 수 있게 하는 것이다.

아인슈타인에 따르면 10피트 거리에서 1/1000인치의 이동은 1과 3/4 각초에 해당하며, 이는 별에서 나온 광선이 망원경으로 오는 도중에 태양의 경계를 거의 스칠 때 실제로 발생해야 하는 광학적인 이동이다. 이것은 현재 우리가 일어난다고 알고 있는 광학 이동이다. 이는 최근 일식 관측의 확실한 결과로 받아들여질 수 있다. 이 효과의 크기와 방향은 4년 전 아인슈타인 교수에 의해 수학적 연구를 통해 예측된 바 있다.

* * *

태양 원반의 양쪽에 각각 하나씩 있는 두 별의 이미지는 태양이 그 사이로 들어오면 약간 떨어져 있는 것처럼 보일 것이다. 광선이 직선으로 왔다면 태양 원반의 가장자리에 의해 가려졌을 별은 광선이 구부러져 있기 때문에 여전히 보일 수 있다. 즉, 우리는 모든 훌륭한 선생님이 그렇듯이 '모퉁이 너머를 볼 수 있다.' 태양이 후광처럼 별들의 고리 또는 성운에 둘러싸여 있다면 빛의 고리는 태양을 통과하면서 수축되어 해왕성 거리의 17배, 즉 태양 너머 476억 마일 떨어진 곳에 초점이 맞춰질 것이다.

1919년 5월 29일 일식 당시 영국 탐험대가 관측한 결과는 전혀 만족스럽지 못했다. 프린시페(Principe)에서는 부적절한 시간에 지나간 구름 때문에 몇 장의 사진만 얻을 수 있었다. 소브랄(Sobral)에서는 대물렌즈 중 하나의 사진판이 왜곡되었지만 다른 하나에는 매우 좋은 7개의 연속된 별 이미지가 기록되어 있었다. 이것들을 그리니치 천문대에서 측정했을 때 다음과 같은 수치가 나왔는데, 이는 아인슈타인의 공식으로 계산한 수치와 일치한다.

* 각초에서 별들의 방사상 변위

영국 천문학자들의 관찰 결과
.20 .32 .56 .54 .84 .97 1.02

아인슈타인의 예측치
.32 .33 .40 .53 .75 .85 .88

영국 일식탐험대의 천문학자들은 아인슈타인의 법칙을 확인하기에 충분히 근접한 것으로 간주하지만, 이 몇 분간의 측정치를 근거로 그토록 광범위하고 파괴적인 이론을 받아들이는 것을 주저하는 사람들은 호주에서 다음 일식이 발생하는 1922년까지 판단을 유보할 수 있다. 또는 태양이 빛나는 동안에도 태양 가까이에서 별들의 사진을 찍을 수 있는 방법을 찾을 수도 있다. 캘리포니아의 산악천문대는 먼지와 안개 그리고 사진판에 강한 빛을 비추어 흐릿하게 만드는 밀도 높은 대기 위쪽에 자리 잡고 있어 이 작업에 도움이 될 수 있다.

의심할 여지없이, 과거의 일식을 촬영했던 오래된 사진들도 다시 꺼내 측정에 적합한 별들이 포함되어 있는지 확인하게 될 것이다.

아인슈타인의 반대자들 중 일부는 관측된 별빛의 편향이 지구의 대기처럼 광선을 굴절시키는 태양의 대기 때문일 수 있다고 주장한다. 그러나 그런 효과를 일으킬 정도로 충분히 밀도가 높고 멀리까지 뻗어 있는 대기가 관측되지 않았을 가능성은 거의 없으며, 그러한 대기가 아인슈타인의 계산에 의해 예측된 편향을 일으킬 만큼의 정확한 밀도를 가지면서 거리에 따라 정확한 비율로 감소할 가능성은 매우 낮다.

지난 300년 동안 천문학자들의 모든 계산은 빛이 빈 공간 또는 그와 똑같은 에테르를 통해 균일한 속도로 직선으로 이동한다는 가정에 근거했기 때문에 이 발견은 천문학자들에게 다소 당혹스러운 일이었다. 만약 빛이 고체를 지나갈 때 중력에 의해 옆으로 끌려간다면, 먼 별에서 온 광선은 얽혀 있는 은하수 무리를 통과해야 하므로 매우 꾸불꾸불한 경로로 이동할 수 있으며, 별은 실제 위치와 다른 곳에 있는 것처럼 보일 것이다.

사실 우리가 두 개로 보는 별은 실제로는 하나이지만 다른 방향으로 출발한 광선이 다른 별 근처를 지나면서 굴절되어 우리에게 도달할 때 우주의 다른 지점에서 나온 것처럼 보이므로 쌍둥이별처럼 보일 수 있다. 또한 도중에 우리가 그 존재를 식별할 수 없고 고려할 수 없는 죽은 별이나 어두운 별이 있을 수도 있다.

천문학자가 아닌 우리들은 망원경으로 각도를 측정할 때 몇 백분의 1초의 불일치에 대해 크게 걱정하지 않는다. 우리는 수성이 지금 어디에 있는지 잘 모르기 때문에 5세기 후에 수성이 어디에 있을지에 대해서도 크게 신경 쓰지 않는다. 천문학자들이 단순히 자연의 법칙을 발견하는데 그치지 않고 만들어낸다면 그들의 다음 학술대회에서 뉴턴의 만유인력의 법칙을 폐지하고 우리를 모두 우주로 날려 보낼지도 모른다.

하지만 다행히도 그들에게는 그럴 능력이 없으며, 그들이 모두 아인슈타인의 가장 혁명적인 이론을 지지하게 되더라도 뉴턴의 역학법칙과 유클리드의 기하학법칙은 우리가 가정했던 것처럼 절대적이고 보편적인 진리는 아니어도 모든 실용적인 목적을 위해 충분히 정확한 진리로 남아있을 것이다. 우리가 광파나 전자만큼이나 빠른 운동에 대해 생각하기 시작할 때가 되어서야 비로소 그것들의 편차를 확인할 수 있을 것이다.

무거운 물체가 어떻게 공간들 간의 관계를 변화시킬 수 있는지 간단히 설명할 수 있다.

북의 가죽처럼 얇은 고무판을 쇠테 위에 팽팽하게 펼친다. 수평으로 평평한 여기에 두 방향으로 평행선을 그어 바둑판처럼 사각형으로 나눈다면, 모든 선들은 등거리의 직선이며 모든 사각형의 크기는 동일하게 된다.

나란히 늘어선 지렁이들이 동등하게 출발하여 드럼통을 가로지르는 평행선을 따라 기어가면 행렬은 끝까지 일정하게 유지된다. 이제 북가죽의 한가운데에 총알을 놓는다. 고무판이 아래로 처지면서, 가운데가 가장 많이, 가장자리가 가장 적게 늘어난다. 이제 '평행선들'은 더 이상 등거리가 아니다. 사각형의 크기도 더 이상 동일하지 않다. 선들 역시 더 이상 길이가 동일하지 않다.

이제 지렁이 경주를 반복하면 무게추에 가까운 선을 따라가는 지렁이는 언덕을 내려갔다가 다시 올라가야 하므로 이전처럼 비교적 평평하고 가장자리에 가까운 짧은 선을 따라가는 지렁이보다 같은 수의 사각형을 가로지르는 데 더 많은 거리를 이동해야 한다는 것을 알 수 있다. 따라서 벌레는 중앙에 더 가까울수록 속도가 느려질 것이며, (가지런하던) 행렬의 전면은 처음과는 달리 비스듬히 회전하게 될 것이다.

우리는 한쪽으로 쏠려 있는 총알을 본 벌레들이 호기심 때문에 총알 쪽으로 약간 이끌려갔다는 가정으로 이것을 '설명'할 수 있다. 당연하게도 가장 가까운 벌레가 가장 많이 이끌려간 것이다. 또는 이런 유치한 정령 숭배적인 설명 방법을 뛰어넘어, 총알이 보이지 않는 끈에 의해 각 벌레의 머리와 연결되어 있어서, 총알에 의해 끈이 당겨지면 벌레가 어느 정도 한쪽으로 끌려가고 끈이 짧을수록 당기는 힘이 강해진다고 가정할 수 있다. 또는 우리가 이 조잡한 기계적인 설명 방법을 벗어날 정도로 성숙했다면, 어떤 신비한 방식으로 벌레의 머리를 거리의 제곱에 반비례하여 끌어당기는 '힘'이 존재한다고 가정할 수도 있다. 하지만 벌레 머리의 심리나 보이지 않는 끈 또는 이해할 수 없는 힘을 발명하는 대신 선들 사이의 공간을 고려하고 횡단해야 하는 선들이 무게추 근처에서 길어졌다고 가정하는 것이 더 간단하지는 않을까?

지금까지 중력을 설명하기 위해 위와 같은 네 가지 설명법이 연속적으로 사용되었다. 먼저, 고대 바빌로니아와 히브라이 사람들은 태양과 별이 살아 있는 존재인 신 또는 천사로서 지구 주위를 자진해서 움직이거나 적어도 특정한 신이나 천사의 안내를 받아 궤도를 돈다고 가정했다.

프톨레마이오스 시대의 그리스인들은 천체가 동심원의 수정구 안에 놓여 공전한다고 생각했다. 누군가가 뒤에서 크랭크를 돌려 공전시키는 것 같았다. 그런 다음 뉴턴이 나타나 '프톨레마이오스의 구체들과 모든 기계적인 연결을 폐기하고 중력은 모든 물체의 질량에 비례하며, 물체를 분리하는 거리의 제곱에 반비례한다고 가정합시다.'라고 했다.

지금 아인슈타인은 '이 가상의 힘을 폐기하고 단순히 움직이는 물체가 통과하는 시간과 공간의 장은 근처에 다른 물체가 있으면 변경된다고 가정합시다.'라고 말한다. 아인슈타인이 보기에 중력은 힘이 아니며, 물질이 존재할 때 공간과 시간이 왜곡되는 것이다. 태양을 스쳐 지나가는 혜성은 성간 공간에서처럼 직선 경로를 따라갈 수 없고, 태양 주변의 곡선 경로를 따라가는데, 이는 그 상황에서 혜성이 갈 수 있는 최단 경로이다.

마찬가지로 먼 별에서 오는 광파의 행렬은 빈 공간을 통과할 때는 전면이 고르게 유지되지만 태양에 가까워지면 광파의 경로는 방해를 받거나, 늘어난다고 할 수 있다.

태양에 가장 가까이 지나가는 광파의 속도가 가장 느려지며, 가장 멀리 떨어진 것일수록 가장 적게 느려진다. 결과적으로 파동의 전면이 약간 비틀리고, 광선의 방향이 약간 변경된다.

지금 광파가 태양을 지나쳐가는데 어려움을 겪는다면 마찬가지로 태양으로부터 멀어지는데 어려움을 겪을 것으로 예상해야 한다. 중력의 방해로 약간 느려지게 될 것이다. 주파수가 감소하고 파봉(wave crest, 波峰) 사이의 시간 간격이 늘어난다. 이것은 소리의 경우 음높이를 낮추는 것을 의미한다. 축음기의 턴테이블에 손가락을 갖다 대면 음조가 단조로워진다.

빛의 경우라면, 색이 적색으로 변하는 것을 의미한다. 아인슈타인에 따르면 이 효과는 관찰되어야 하지만 아직 관찰되지는 않았다.

올리버 롯지 경은 이렇게 말한다.

"아인슈타인의 세 번째 예측이 검증되면 아인슈타인의 이론이 모든 고등물리학을 지배하게 될 것이며, 차세대 수리물리학자들은 끔찍한 시간을 보내게 될 것이다. 대학 과정과 모든 실용적인 목적을 위해 우리는 갈릴레이와 뉴턴의 역학을 활용하겠지만, 그것들은 한정된 군주제로 남아 있게 될 것이며, 조만간 아인슈타인 물리학이 모든 지식인들에게 영향을 미치지 않을 수는 없을 것이다. 이러한 복잡한 문제들을 과학에 편입시키는 일은 젊은이들에게 맡겨야 한다. 이제 빛과 상호작용하기 시작한 중력도 그 비밀을 포기하기 시작하길 바라지만, 내 시대에는 역동적으로 그 비밀을 알아내는 것에 만족하고 초월적인 방법은 다른 사람들에게 맡겨야 한다."

영국의 과학자 토마스 케이스(Thomas Case)는 〈더 타임스〉에 편지를 보내 '지난 25년간 왕립학회 회장을 역임하며 학회의 명성을 최고조로 끌어올린 뉴턴의 명성에 의문을 제기하기 전에' 왕립학회가 토론을 중단하는 것이 훨씬 더 나은 선택이었을 것이라며 항의하기도 했다.

아인슈타인은 누구인가?

알베르트 아인슈타인은 1874년 독일에서 태어났다. 일찍부터 천재적인 재능을 드러낸 그는 다른 친구들이 하루하루의 과제를 해결하던 열두 살 때 선생님에게 빌려온 고등수학 작품들에 몰두해 있었다. 겨우 열여덟 살 때 자기 이론의 윤곽을 구상했으며, 10년 후에는 세상에 내놓을 준비를 마쳤다. 열여섯 살 때 독일을 떠나 스위스로 이주해 스위스 시민으로 귀화했다.

그의 첫 번째 학문적 직책은 취리히 공과대학의 수리물리학 교수직이었다. 그 후 베를린에 카이저 빌헬름 연구 아카데미가 설립되면서 다른 업무에 방해받지 않고 자신의 이론을 연구할 수 있는 기회를 얻게 되었다. 전쟁 발발 직전에 그는 유명한 네덜란드 물리학자인 반트 호프 교수의 후임으로 베를린으로 초

청되었다. 이 기관의 목적은 카네기가 워싱턴에 과학 연구 기관을 설립했을 때와 마찬가지로 어디서든 뛰어난 인재를 찾아내 그에게 고유한 임무를 맡기는 것이었다.

아인슈타인은 베를린에서 4,500달러의 월급을 받으면서 앉아서 생각하는 것 외에는 해야 할 일이 없었다. 그는 한 세기 전의 전쟁과 혁명 기간 동안에 칸트(Kant)가 쾨니스베르크(Kőnigsberg)에서 그랬듯이, 조용히 그리고 끈질기게 5년의 전쟁기간 동안 이 일을 계속했다. 시라쿠사(Syracuse)포위 공격 당시 로마 군인이 창으로 찌를 때에도 자신의 칠판인 모래에 기하학 도형을 그리는 데 몰두했던 아르키메데스(Archimedes)처럼 자신의 일에만 집중했다.

그는 두 차례에 걸쳐 자신의 연구를 둘러싸고 벌어진 세계적인 투쟁에 참여했으며, 두 번의 행동 모두 그 공로를 크게 인정받았다. 우선 그는 독일에 대한 모든 전쟁 혐의를 부인하는 독일 과학자들의 선언문에 서명하기를 거부했으며, 휴전 당시에는 혁명을 지지하는 호소문에 서명했다. 그는 열렬한 시온주의자였으며 예루살렘에 설립될 히브리 대학을 지원하겠다고 약속했다.

전설에 따르면 아이작 뉴턴은 정원의 나무에서 떨어지는 사과를 관찰하여 중력이론을 세웠다고 한다. 신문기자들은 아인슈타인이 베를린의 어느 건물 옥상에서 떨어지는 한 남자를 관찰하여 중력이론을 얻었다고 보도함으로써 비슷한 전설을 만들어냈다.

자신의 감각을 직접 말로 전할 수 있다는 점에서 사람은 사과보다 장점이 있었다. 인근 건물의 꼭대기 층에 있는 서재의 창문에서 사고를 목격한 아인슈타인 박사가 현장에 도착했을 때, 그 사람은 부드러운 쓰레기 더미에 부딪혔지만 거의 다치지 않고 빠져나와 있었다.

떨어질 때의 느낌을 묻는 아인슈타인 박사의 질문에 그는 아래로 당기는 느낌이 전혀 없었다고 했다. 이를 계기로 아인슈타인 박사는 직선으로 균일하게 운동하는 경우에만 적용했던 상대성이론을 중력에 의한 변형운동이나 가속운동까지 확장할 수 있을지를 고민하게 되었다. 그래서 1905년에 발표한 특수상대성이론은 10년 후 일반상대성이론(Verallgemeinerte Relatitatstheorie)으로 발전하게 된다.

체중 감량법

비행기에서 떨어지는 사람은 자연스러운 추진력, 즉 중력에 순응하는 것이다. 저항하지 않는 한 그는 공기처럼 자유롭고 깃털처럼 가벼우며 전적으로 편안하다. 자신처럼 힘들이지 않고 우주를 날아다닐 수 있는데도 이런 자연적인 추진력에 맞서 싸우며 힘겹게 한 발국씩 내딛으며 지구를 기어 다니는 불쌍한 인간들을 자기만족과 경멸 속에 내려다볼 수 있다. 그는 땅바닥에 부딪혀 자유낙하를 멈추려고 할 때만 중력 때문에 곤경에 빠지게 된다.

일종의 수학적 신학자였던 칼뱅주의자들은 인간의 타락을 이런 식으로 생각했다. 죄인은 단순히 자연적인 악행의 힘, 즉 도덕적 중력에 순종하고 있는 것이며, 파렴치하고 불가피한 종말을 고려하지 않는 한 도덕법에 대한 지식 없이 자신의 몰락에 지극히 만족한다는 것이다.

자유롭게 낙하하는 사람은 체중을 모두 잃게 된다. 모자는 그의 머리를 누르지 않는다. 그의 발은 그의 신발을 누르지 않는다. 지팡이를 손에서 놓아도 발밑에 '쓰러지지' 않는다. 지팡이는 똑바로 서서 그와 함께 움직일 뿐이다. 갈릴레오가 피사의 사탑에서 크고 작은 대포알을 떨어뜨렸을 때 보여준 것처럼 모든 물체는 같은 속도로 떨어지기 때문이다.

만약 그가 불투명한 문이 있는 엘리베이터를 타고 있었다면 중력이 없어서 자신의 몸무게가 사라지고 엘리베이터 안의 물체들이 기이한 행동을 하고 있다고 추측하지 않는 한 자신이 떨어지고 있다는 사실을 알지 못할 것이다. 그는 평생 동안 떨어져도 결코 알아내지 못할 것이다. 중력의 법칙은 형법과 같아서, 부딪혀보기 전까지는 느끼지 못한다.

또는 우리들의 설명에 지나치게 높은 마천루가 필요하다면, 지나가던 혜성이 충돌해 사람들이 있는 지구의 한 조각을 분리시켰다고 상상해 보자. 우주에 던져진 이 지구 파편은 멀리 있는 거대한 별의 인력에 이끌려 수천 년 동안 점점 더 빠른 속도로 그 별을 향해 떨어진다. 궤도를 벗어난 이 천체의 주민들은 자신들의 느낌 또는 자신들의 작은 세상에서 관찰할 수 있는 어떤 것으로도 이런 사실을 결코 알아차릴 수 없다.

이런 일이 믿기지 않을 수도 있다. 그렇다면 우리의 지구가 그런 행성이고 태양계와 함께 수천 년 동안 어떤 인력의 중심을 향해 떨어지고 있다는 것을 어떻게 알 수 있을까? 실제로 천문학자들은 우리가 큰개자리(Canis Major)를 향해 엄청난 속도로 움직이고 있다고 말한다. 다시 말해 이 세계는 개들을 향해 나아가고 있는 중이다.

이 모든 것은 중력이 자유낙하하는 물체에 부여하는 것과 같이 등가속도 운동은 균일한 병진운동과 마찬가지로 상대성이론의 문제이며, 그러한 운동에 따라 이동하는 관찰자가 발견할 수 없다는 것을 의미한다.

앞에서 논의했던 움직이는 기차처럼 균일한 병진운동이 단순한 상대운동이라는 것은 오래된 생각이며 이해하거나 받아들이기 어렵지 않다. 그러나 상대성원리를 가속도, 즉 지속적으로 증가하거나 지연되는 운동 속도로 확장하려고 할 때 우리는 우주에 대한 새롭고 혁명적인 개념을 얻게 되고 매우 놀라운 결론에 도달하게 된다. 아인슈타인은 5년 전에 이 단계를 밟았으며 그것이 현재의 소동을 불러일으킨 것이다.

아인슈타인은 어떤 생각에 빠져들기 시작하면 작살에 찔린 고래에 끌려가는 포경선의 선원처럼 불굴의 결단력으로 그 생각이 이끄는 대로 따라갔다. 1915년 그가 작살로 맞춘 생각의 고래는 그를 낯선 바다로 이끌었다. 그것은 그가 1905년 우주론의 기초로 삼았던 두 가지 기본 가설, 즉 우주에서 빛의 속도는 일정하다는 가설의 모순 또는 수정으로 직접 이어졌다. 그러나 그는 빛의 속도는 중력의 영향을 받는다는 새로운 개념을 위해 냉정하고 흔쾌한 태도로 이 아이디어를 즉시 포기했다.

중력을 대체하는 것

　이제 아인슈타인을 따라 가속운동에 등가원리를 적용하여 어떤 결과가 나오는지 살펴보자. 지구나 태양의 중력으로부터 멀리 떨어진 우주 어딘가에서 밀폐된 엘리베이터 안에 갇혀 있다고 상상해 보자.

　이 엘리베이터가 지속적으로 속도를 높이며 상승하고 있다고 가정해 보자. 좀 더 명확하게 설명하자면, 고다드 교수가 달에 보내자고 제안했던 로켓처럼 후방에서 지속적인 폭발에 의해 추진된다고 가정할 수도 있다.

　우리에게 필요한 것은 중력이 아니라 엘리베이터에 초당 32피트의 추가속도를 제공할 수 있는 어떤 힘이다. 중요한 것은 이렇게 위쪽으로 움직이는 엘리베이터 안에 있다면 자신이 지구상에 정지해 있을 때 알던 것만 안다는 점이다.

　모든 것이 지구에 있을 때와 똑같이 작동할 것이다. 지금 저울의 무게가 150파운드라면, 즉 신발 밑창이 그 정도의 힘으로 눌리면 상승하는 방바닥도 똑같은 힘으로 위쪽으로 눌러 당신은 그 차이를 알지 못하게 된다. 손에서 공을 놓으면 공을 만나기 위해 바닥이 위로 올라와 공이 떨어지는 것처럼 보일 것이다. 만약 당신이 그 순간의 속도보다 더 빠른 속도로 공을 위로 던진다면 공은 상승하겠지만, 엘리베이터의 속도는 지속적으로 증가하고 있기 때문에 바닥은 곧 공에 도달하여 따라잡게 될 것이다.

　이것은 마치 지구에서 공을 공중으로 던졌을 때 여러분이 익숙하게 생각하듯이 '중력의 힘'에 이끌려 공이 다시 땅으로 떨어지는 것과 똑같이 보일 것이다. 하지만 여기에서는 '힘'이 아니라 단지 운동 방식이 있을 뿐이다.

　그런 상황에서는 자연이 모두 당신을 어둠 속에 가두어놓기 위해 음모를 꾸민 것처럼 보일 것이다. 사실상 모든 공간을 채우고 있는 안정적이고 고정된 매개체인 에테르에 기대보려고 하지만 그것 역시 실패한다. 마이컬슨-몰리 실험을 통해 당신이 에테르 속을 이동하고 있는지 아니면 지구에 정지하고 있는지 확인하려 하지만, 측정 장치는 당신을 속일 수 있을 정도로 팽창하거나 수축한다.

이제 수평 광선을 관찰해보려고 하지만 광선은 구부러진 것처럼 보인다. 즉, 카메라 옵스큐라(camera obscura)* 한쪽에 있는 핀홀로 들어오는 햇빛 광선이 정확히 반대편이 아니라 약간 아래쪽의 벽에 부딪치는데, 충분히 정교한 장비가 있다면 이것을 확인할 수 있다.

이런 방식으로 수직 광선도 살펴본다. 즉, 분광기의 아래(뒤)에 있는 두 개의 광원에서 나오는 광선을 조사한다. 하나는 멀리 떨어져 있고, 다른 하나는 가까이에 있다. 이제 당신이 점점 더 빠르게 멀어지고 있기 때문에 더 먼 광원에서 나오는 빛이 당신을 따라잡으려면 보폭이 더 길어야 한다.

다시 말해, 진동수가 줄어들어 더 긴 파장을 가진 스펙트럼의 빨간색** 끝으로 밀려날 것이다. 경적을 울리는 기차가 여러분이 타고 있는 기차를 지나칠 때, 그 기차가 여러분을 향해 다가온다면 경적의 음조가 높아지고(파장 감소), 여러분에게서 멀어진다면 음조가 낮아지는(파장 증가) 것을 알아차렸을 것이다.

이제 아인슈타인은 이렇게 말한다. 나의 등가원리가 옳고 (1)

---

* 암상자(暗箱子) 어두운 방 한쪽 벽면에 난 작은 구멍을 통해 빛을 통과시키면 외부의 풍경이 반대쪽 벽면에 거꾸로 비치는 원리 혹은 이 원리를 이용해 만든 기구를 말한다.
** 빨간색은 가시광선 중에서 파장이 가장 길다. 따라서, 빛의 진동수가 낮아지면 빨간색으로 보이게 된다.

무게와 (2) 관찰자의 가속된 상향 이동 사이에 차이가 없다면 두 번째 경우에 내가 생각한 모든 광학 효과는 첫 번째 경우, 즉 중력에 적용되어야 한다.

그렇다면 중력장을 통과하는 광선은 무거운 물체에 이끌리는 것처럼 경로에서 벗어나 구부러져야 할 것이다. 이 예측은 검증되었다. 또한 태양이나 별과 같은 무거운 물체에서 나오는 빛은 중력의 인력에 의해 억제되거나 느려질 것이며, 스펙트럼 선은 지상 광의 스펙트럼에 있는 동일한 선과 비교하여 왼쪽으로 변위될 것이다.

이러한 변위는 항성의 스펙트럼에서 관찰되었지만 아인슈타인의 방정식을 만족시키기에 적합한 값이 아닌 것으로 보이며 태양광에서는 관찰되지 않았다.

여기에서 주목할 만한 점은 아인슈타인이 내가 대략적으로 설명한 것과 비슷한 추론 라인을 따라 관찰되었지만 설명할 수 없었던 현상들(예: 수성 궤도의 불일치)에 대한 설명을 제공했을 뿐만 아니라, 주의를 기울이기 전에는 관찰되지 않았던 현상들(예: 태양에 의한 별빛의 굴절)에 대한 설명을 미리 제공했다는 것이다.

올리버 롯지 경은 이에 대해 이렇게 말한다.*

---

* 〈19세기〉, 1919년 12월호

아인슈타인의 예측이 있기 전에는 그런 종류의 어떤 것도 본 적이 없었고, 찾아본 적도 없었으며, 알려진 바에 따르면 그런 정도의 편향이 의심된 적도 없었다.

궁극적으로 아인슈타인의 전체적인 견해의 타당성에 대해 어떻게 생각하든, 그가 전례 없는 힘과 광범위한 유용성을 지닌 수학적 방법을 찾아낸 것은 분명하다.

예일대학교의 범스테드 교수는 이렇게 말한다.

"아인슈타인의 이론은 여러 측면에서 이론물리학에서 새로운 방법을 예시했으며, 과학 지식을 발전시키는데 매우 강력한 방법이 될 수 있다는 점에서 중요한 의미를 갖는다. 빛의 휘어짐에 대한 예측이 수성의 근일점을 해결하고 부수적으로 2세기 전의 천문학적 난제를 설명하게 될 줄은 아무도 몰랐다. 그것은 파란 하늘에서 갑자기 뚝 떨어진 것이었다."

기계적 정신과 수학적 정신

'아인슈타인이 뉴턴의 중력이론을 무너뜨렸다'는 말을 가끔 듣게 된다. 뉴턴에게는 중력이론이 없었기 때문에 그것은 불가능한 일이다. 뉴턴은 단지 중력의 법칙을 제시했을 뿐이다.

그는 물체가 근처에 있는 물체에 대해 어떻게 작용하는지를 말했을 뿐, 그 이유는 말하지 않았다. 뉴턴은 빈 공간을 통한 원거리에서의 작용이라는 생각에 만족하지 않고 물질체에 대한 에테르의 압력으로 중력을 설명하려 했지만 결과에 만족하지 못해 발표하지 않았다.

이후 234년 동안 많은 사람들이 중력을 '설명'할 수 있는 일종의 기계를 고안하기 위해 노력해 왔다. 인간은 호기심 많은 어린이처럼 시계를 열어 '바퀴가 감기는 것을 볼 수 있기를' 원하기 때문이다. 적어도 앵글로색슨족(5세기에 영국으로 이주한 튜튼족의 한 부족)은 그런 욕망을 갖고 있다.

프랑스의 물리학자 푸앵카레는 이것이 앵글로색슨족과 라틴족(프랑스, 이탈리아, 스페인, 포르투갈, 루마니아 등의 라틴계 말을 하는 민족) 정신의 차이점이라고 말했는데, 전자는 자연현상을 표현하는 기계적인 모델을 상상할 수 있을 때까지 불안해하고, 후자는 그 작용을 표현하는 수학적 공식에 만족한다고 했다.

'빛'을 설명하기 위해 발명된 에테르 역시 '설명'이 필요했다. 켈빈(Kelvin) 경은 일종의 이동 안정성이 있는 회전하는 팽이로 구성되어 있다고 상상했다. 올리버 롯지 경은 전자기 작용을 설명하기 위해 톱니바퀴가 맞물린 복잡한 구조로 에테르를 채웠다. 이는 전형적인 앵글로색슨족의 사고방식이다.

반면에 아인슈타인은 히브리인의 피와 독일식 교육에도 불구하고 푸앵카레가 라틴족의 것이라고 주장했던 기질을 뚜렷하게 갖고 있어서, 에테르를 전혀 사용하지 않았고 종이 위에 4차원을 '표현할' 수 있는지의 여부에는 전혀 신경 쓰지 않았다.

우리들 중에는 수학을 대하는 태도가 지나치게 앵글로색슨적인 사람들이 있다. 내가 이 작은 책자를 기차와 엘리베이터, 우주를 날아다니는 발사체, 놀이공원의 거울과 같은 조잡하고 터무니없는 비유로 가득 채운 이유는 그런 사람들을 위한 동료애에서 비롯된 것이다. 수학적으로 생각하는 사람들에게 그런 비유는 단순화가 아니라 복잡화이며, 표현이 아니라 서툰 묘사일 뿐이다.

오선지가 음악의 고유 언어인 것처럼 수학은 물리학의 고유 언어이다. 음악가에게 교향곡을 일상적인 영어로 설명해 달라고 부탁하면 그가 머릿속에 옥스퍼드 사전을 담고 있다 해도 설명할 수 없다. 그는 우리에게 연주를 들려줄 수도 있고 인쇄된 악보를 보여줄 수도 있지만, 그가 아무리 길게 말하려 해도 또는 우리가 아무리 들어보려 해도 일상적인 언어로 전달할 수는 없을 것이다.

그러나 우리는 음악가나 수학자가 자신의 개념을 우리에게 설명 즉, 쉬운 말로 다시 표현할 수 없다고 해서 그의 개념이 모호하거나 터무니없다고 의심하는 부당한 일을 해서는 안 된다. 또한 새로운 아이디어가 이해하기 어렵다고 해서 반드시 이전의 아이디어보다 더 복잡하거나 터무니없다고 가정해서는 안된다.

음악과 수학을 모두 잘 알고 있는 나의 친구는 아인슈타인의 논문이 뉴턴의《프린키피아》보다 더 읽기 쉽다고 말한다.

과학의 목적은 일반화를 통한 단순화이며, 이것은 지금까지 시도된 것들 중 가장 광범위한 일반화이다. 이것은 중력을 다른 힘들과의 관계로 끌어들일 수 있다. 40년대에 줄(Joule)과 다른 사람들이 알아낸 에너지 보존의 법칙은 열과 작용, 화학적인 힘을 모두 하나의 단순한 체계로 통합한 위대한 일반화이다. 70년대의 맥스웰은 빛, 전기, 자기의 모든 다양한 현상을 하나의 아름다운 공식으로 통합했다.

하지만 중력은 언제나 그런 자연의 힘들에 저항했다. 중력은 결합되기를 거부했다. 중력은 독특하고, 독립적이며, 환원할 수 없고, 변경할 수 없고, 설명할 수 없는 존재로 남아있었다. 다른 것들은 모두 서로 연관되어 있고 상호작용을 한다.

열은 자성을 파괴하고, 자성은 전기를 생성하고, 전기는 화학적 결합을 분리하고, 화학적 결합은 열을 생성한다. 열은 운동을 일으키고, 운동은 자성을 만들고, 자성은 열을 생성하는 등 끝없이 순환하면서 각각이 다른 모든 것에 영향을 미친다.

어떤 물질은 다른 물질보다 더 쉽게 가열되고, 어떤 물질은 쉽게 자력을 띠거나 전기가 통하고, 어떤 물질은 그렇지 않으며, 어떤 원소들은 서로의 품으로 달려들고, 어떤 원소는 강제로 결합될 수 없는 등 물질마다 전혀 다르게 반응한다.

하지만 중력은 이 모든 것에 무관심했고, 편견이나 편애를 보이지 않았다. 중력은 뜨겁거나 차갑거나, 빛나거나 어둡거나, 움직이거나 정지해 있거나, 전기가 통하거나 자성이 있거나, 둘 다 아니거나 상관없이 모든 종류의 물질을 동일한 힘으로 끌어당겼다.

다른 힘과 효과도 원거리에서 작용하려면 시간이 필요했다. 소리는 일반 공기 중에서 초속 1,100피트의 속도로 이동한다. 빛은 진공 상태에서 초당 186,337마일의 속도로 이동한다.

그러나 중력은 시간도 필요하지 않지만 어디에나 존재하며 항상 작용하는 것처럼 보였고, 그 어떤 것도 중력을 숨기거나 차단할 수 없고, 어떤 식으로든 방해할 수도 없었다. 무게(지구의 중력)로 측정한 물체의 물질 또는 질량은 언제나 관성(운동에 대한 저항)으로 측정한 물체의 질량과 동일했다.

모든 에너지는 서로 교환할 수 있다. 다른 모든 힘은 마음대로 줄이거나 늘릴 수 있고, 무효화하거나 효력을 발생시킬 수 있다. 하지만 중력은 그렇지 않다. 일정한 거리에 떨어져 있는 일정한 질량의 물체는 항상 같은 인력에 의해 끌린다. 즉, 중력은 기하학적 관계 외에는 어떤 것에도 영향을 받지 않는다.

이것은 자연스럽게 중력은 기하학적인 관계에 불과하며, 어느 정도 공간 자체의 특수성이라고 의심하도록 만든다. 그렇다면 물리학자에게 이 신비한 힘을 숨어 있는 곳에서 끌어내서 보게 해달라고 요구하는 것은 완전히 비합리적인 요구이다. 마치 맹인이 한밤중에 어두운 지하실에서 그곳에 없는 검은 고양이를 사냥하는 것과 같다.

기하학자는 모든 삼각형의 내각의 합은 두 개의 직각과 같다고 말한다. 그에게 그렇게 만드는 힘이 무엇인지 물어볼 수 있을까? 전기 기술자가 '그런데 전기는 무엇일까요?'라는 우리의 끈질긴 질문에 대답할 때까지 무궤도 전차에 타는 것을 거부해야 하는 것일까?

우리가 그런 질문을 던질 때, 실제로는 그에게 전기가 아닌 것은 무엇인지를 말해달라고 요청하고 있는 것이다. 전기가 무엇인지 보여주기 위해 그는 입을 다물고 단순히 전기를 생산하는 발전기, 전기를 전달하는 전선, 전기를 소비하는 모터를 가리킬 수 있다. 그러나 우리가 은밀하게 의미하는 것은 그에게 전기의 몇 가지 작용을 불완전하게 모방한 기계 모델이나 그 효과를 계산할 수학 공식을 보여달라는 것이다.

아인슈타인은 중력을 새로운 기하학 체계의 기초로 삼으려는 것처럼 보인다. 그는 중력을 다른 것의 관점에서 '설명'하는 대신 중력의 관점에서 다른 것들을 설명하거나 자신의 시공간 다양체의 특징들을 설명하려 한다.

아인슈타인의 중력법칙은 뉴턴의 법칙보다 더 정확한 것으로 입증되었지만, 드문 경우를 제외하고는 사소한 수정을 거쳤을 뿐이다. 그러나 아인슈타인의 중력이론은 근본적이고 광범위하며, 이것이 입증되면 물리학에 혁명을 일으키고 우주에 대한 우리의 일반적인 개념에 근본적인 영향을 미칠 것이다. 예측이 검증된다고 해서 그 예측을 이끌어낸 가설의 진실이 반드시 증명되는 것은 아니다.

많은 과학적 발견이 잘못된 가정에서 비롯된 경우가 많다. 광부가 버려진 금광을 다시 열거나 더 많은 금을 캐내기 위해 금광 더미를 뒤지는 것처럼, 과학자들도 더 효과적인 가설을 세우기 위해 버렸던 오래된 이론으로 돌아가는 경우가 종종 있다.

빛의 무게

현대의 물리학자들이 빛의 입자설 또는 방출이론을 채택하려는 경향을 보인다는 것은 흥미롭다. 이것은 파동이론에 맞서 줄기차게 주장했지만 아무런 성과도 없었던 뉴턴의 개념과 크게 다를 것이 없다.

케임브리지 대학의 톰슨 교수는 두 이론 사이의 결정적인 실험은 1792년에 베넷이 실시한 실험이었다고 상기시킨다. 베넷은 빛이 미세입자로 구성되어 있다면 빠른 속도로 물체에 충돌할 때 압력을 가할 것이라는 이론에 따라 빛이 물체에 압력을 가하는지의 여부를 측정하는 실험을 했다. 베넷은 그러한 압력을 발견하지 못했고, 입자설은 반증된 것으로 여겨졌다.

그러나 나중에 파동설도 그러한 압력을 포함한다는 사실이 밝혀졌으며, 최근 실험자들은 이를 증명하고 측정했다. 톰슨 교수는 이렇게 말한다.

베넷에게 더 섬세한 장치가 없었다는 것이 어쩌면 다행스러운 일이었을 것이다. 만약 그가 빛의 압력을 발견했다면, 지난 세기 초에 광학에 대한 지식을 엄청나게 향상시킨 위대한 업적들을 방해하며 파동이론에 대한 신뢰를 흔들었을 것이다.

물론 현대의 모든 형태의 입자설은 뉴턴의 이론이 설명하지 못했던 간섭과 편광과 같은 현상을 설명해야 한다. 이런 현상은 파동이론이 만족스럽게 다루고 있다. 즉, 두 가지 이론의 장점을 모두 결합해야 하는 것이다. 톰슨 교수는 에테르의 극히 일부분만이 빛의 전진운동에 관여한다는 것, 다시 말해, '빛의 파면은 균일하게 빛나는 표면보다 어두운 배경에 있는 밝은 반점들과 더 유사하다'는 것을 보여준다.

하지만 그는 플랑크(Planck)처럼 모든 종류의 복사 에너지는 단위 또는 원자 구조이며 빛의 색은 이러한 입자의 크기에 따라 달라진다고 밝히는 데까지 나아가지는 않았다.

광선의 압력에 대한 발견은 몇 가지 놀라운 결론을 이끌어냈다. 예를 들어 작용과 반작용은 같다는 뉴턴의 법칙은 어떻게 처리해야 할까? 총을 발사할 때 총의 반동은 발사체의 운동량과 균형을 이룬다. 반사경이 우주로 빛줄기를 내보낼 때, 빛의 반동은 그대로 유지되지만 빛이 계량할 수 없는 유체의 파동에 불과하다면 발사체는 어디에 있는 것일까?

우리는 빛이 우주에 있는 어떤 어두운 물체에 부딪혀서 그 충격을 전달하고 뉴턴의 법칙이 충족된다고 가정할 수 있지만, 그런 물체를 만나기까지는 오랜 시간이 걸릴 수도 있고, 결코 만나지 못할 수도 있다. 어쨌든 수천 년 동안 폐지된 상태로 남아 있는 법칙은 그다지 유익하지 않다. 그렇다면 우리는 빛이 관성과 운동량을 가지고 있기 때문에 질량이 있다고 가정해야 한다.

그러나 빛이 질량을 가지려면 무게, 즉 중력에 의해 끌어당겨져야 한다. 일식 관측을 통해 이러한 추론이 확인되었다. 《광학(Opticks)》에서 말했듯이, 뉴턴은 이런 사실을 예상하고 있었을 것이다.

질문 1. 물체는 원거리에서 빛에 작용하고, 그 작용에 의해 광선을 굴절시키며, 이 작용은 (다른 모든 조건이 동일하다면) 최소 거리에서 가장 강하지 않을까?

태양의 중력으로 인해 관측된 빛의 굴절은 뉴턴이 예상했던 것보다 더 컸지만, 19세기 물리학자들에게는 여전히 더 당혹스러웠을 것이다. 그들은 뉴턴의 방출이론을 포기하면서 빛을 단지 무중력 매질인 에테르에서 일어나는 운동의 한 형태로 간주하게 되었기 때문이었다.

에테르 공간에서 열이나 빛과 같은 실체 없는 에너지는 질량이나 무게가 없는 것으로 간주되었다. 20세기 물리학자들은 물체의 질량이 내부 에너지의 척도라는 정반대의 견해를 내놓고 있다. 그렇다면 질량은 일정하지 않고 구성 성분, 온도, 구조, 대전, 운동에 따라 변한다.

아인슈타인은 이렇게 말한다.

"속도의 개념과 마찬가지로 가속도의 개념에 절대적인 의미를 부여하는 것은 불가능하다는 것이 명백하다. 기준체로 삼는 물체와 관련하여 질점(質點)의 가속도에 대해서만 말할 수 있을 뿐이다.

이로부터 고전역학의 관성 저항과 같이 절대적인 의미에서 물체에 '가속에 대한 저항'을 부여하는 것은 의미가 없다는 것을 알 수 있다. 또한, 이 관성 저항은 물체 주변에 가속 운동을 하지 않는 비활성 질량이 더 많을수록 훨씬 더 커져야 한다. 반면에 이러한 질량이 물체의 가속에 참여하면 이 저항은 사라져야 한다.

중력장 방정식에 관성 저항의 다양한 측면, 즉 관성의 상대성이라고 부를 수 있는 관성의 저항이 포함되어 있다는 사실은 매우 주목할 만하다."

과학의 발전은 끊임없이 물질의 비물질화를 향해 나아가고 있다. 물리적 분석은 우리의 감각기관이 보여주는 거칠고, 무겁고, 단단한 물질을 단순히 에너지를 발산하는 점들이 되어 사실상 사라질 때까지 점점 더 미세한 입자들로 분해한다.

먼저 질량은 분자로 나뉘고, 분자는 다시 원자로 나뉘는데, 발명 당시에는 원자가 물질의 근본적인 단위라고 생각했다. 그러나 최근 원자는 수백 개의 전자로 구성되어 있는 일종의 태양계이지만 더 복잡한 것으로 밝혀졌다. 전자는 반경이 1cm의 10,000,000,000,000분의 1로 추정되었다(1cm는 너무~~~~~길다).

하지만, 아인슈타인의 이론에서 물질과 관련된 교란 중심의 크기는 전자의 크기와 비교했을 때, 가장 강력한 현미경으로 볼 수 있는 가장 작은 입자와 지구 자체의 크기 간의 비율과 유사하다.

기존의 공리는 '물질은 존재하지 않는 곳에서는 작용할 수 없다'였다. 새로운 공리는 '물질은 존재하지 않는 곳을 제외하고는 작용할 수 없다'로 이해될 수 있다. 즉, 이제는 물질체나 전기적 입자 주변의 공간에 관심을 기울이고 있다는 것이다.

우리 일반인들은 천문학적 측정치의 세세한 부분에는 관심이 없지만, 이러한 이론들의 대립은 흥미로운 측면이 있다. 뉴턴이나 그 이전의 갈릴레오의 지구가 태양 주위를 돈다는 이론은 세계의 철학적, 종교적 신념을 크게 바꾸어 놓았다. 아인슈타인의 이론은 그들의 이론보다 훨씬 더 광범위하고 혁명적인 형이상학적 함의를 지니고 있다. 물리학에서의 발견으로 노벨상을 수상한 플랑크 교수는 아인슈타인의 첫 번째 논문에 대해 다음과 같이 말했다.

　"이것은 과거에 사변적인 자연철학과 심지어 철학적 지식 이론에서 제안된 모든 것을 대담하게 뛰어넘는다. 비유클리드 기하학은 그에 비하면 어린아이의 놀이다. …… 세계의 물리적 개념에 도입된 혁명은 코페르니쿠스 우주 체계가 가져온 혁명의 범위와 깊이에 있어서만 비교될 수 있을 뿐이다."

변덕스러운 이론과 영속적인 사실들

이러한 일들에 관심이 있는 일반 대중들 사이에는 현대 과학의 기반이 최근의 발견들에 크게 흔들리고 있다는 느낌이 매우 널리 퍼져 있다. 일반인들은 중력, 물질의 보존, 원소의 불변성과 같은 법칙이 과학의 가장 확실하고 절대적인 진리라고 믿어 왔다.

그러나 이제는 존경할 만한 과학자들이 물질의 붕괴와 한 원소가 다른 원소로 변하는 것에 대해 차분하게 이야기하고, 뉴턴의 세 가지 운동법칙을 무효화하는 이론을 진지하게 고려하고 있다는 이야기를 듣고 있다.

주교회의에서 신이 존재하는지에 대한 문제를 논의하거나 대

법원이 미국 헌법을 파기하기로 동의하거나 의사들의 회의에서 모든 의술이 득보다 실이 많다고 결의하는 것만큼이나 놀랍고 충격적이다.

일반대중은 이런 모임들에서 단순히 그런 이단적인 견해를 언급하는 것만으로도 엄청난 분노에 직면할 것이며 경멸, 조롱, 심지어 개인적인 악감정을 담은 모든 공격무기들이 성급한 혁신가를 향하게 된다는 것을 알고 있다.

따라서 과학계에서 이러한 혁명적 이론이 관심과 심지어 즐거움으로 받아들여지며, 그들이 받는 비판에 적대감의 흔적이 거의 없다는 사실에 놀라움과 당혹감을 느낀다. 그리고 이전의 가르침과 명백히 모순되는 학설을 받아들인 과학자들이 왜 속임수가 들통난 예언가처럼 대중 앞에서 부끄러워하고 사과하는 모습을 보이지 않는지 이해하지 못한다.

일반인이 겪는 곤혹스러움은 과학자가 자신의 과학을 어떻게 바라보는지 이해하지 못하고, 과학자가 사실을 얼마나 확고하게 받아들이고 이론을 얼마나 유연하게 받아들이는지 알아차리지 못하는 데서 비롯된다.

과학자는 특정 이론이 참인지 거짓인지에 대한 질문으로 골머리를 앓지 않는다. 그는 단지 어느 정도 유용하고, 어느 정도 적절하며, 간결하고 포괄적인 것으로 간주한다. 이론은 단지 도구일 뿐이며, 목수가 톱을 내려놓고 끌을 집어 들듯 불일치에 대한 생각 없이 마음대로 한 가지 이론을 버리고 다른 이론을 채택할 수 있다. 그는 한 순간 지구가 태양 주위를 움직인다고 말했다가 다음 순간에는 그것이 더 편리하다는 이유로 칼데아(Chaldean) 천문학자들의 이론으로 돌아가 '태양이 뜬다'고 말할 것이다.

실제로, 새로운 발견은 일반 대중에게 보이는 것처럼 과학계에 소란을 일으키지는 않는다. 예상치 못한 혁명적인 발견이지만, 과학의 실험과 관찰을 기록한 수백만 페이지의 기록들 중 어떤 것도 무효화되지 않는다. 어떤 사람의 연구도 틀렸다고 증명되지 않는다. 과학의 혁명은 파괴하는 것이 아니라 확장하는 것이다.

새롭고 혁명적인 아이디어에 대한 대중의 반응에는 세 가지 단계가 있다.

1. 사실이 아니라고 한다.
2. 사실이더라도 새로운 것이 아니라고 한다.
3. 어차피 아무런 차이가 없다고 한다.

첫 번째는 방해가 되는 지적 혁신에 대한 자연스럽고 본능적인 반응일 뿐이다. 우리 모두를 어느 정도 사로잡고 있는 무의식적인 신생혐오 또는 외국인혐오에서 영감을 받은 단호한 부정이다.

두 번째 단계는 일반적으로 새로운 아이디어의 옹호자와 반대자 모두가 그것이 처음에 가정했던 것만큼 참신하거나 전례가 없는 것이 아니라 우리가 받아들인 개념과 매우 적절하게 들어맞는다는 것을 증명하기 위해 협력하려는 타협의 노력이다. 사실은 보충제 또는 자연적인 발달로 간주될 수 있다.

세 번째 단계는 두 번째 단계와 마찬가지로 보수적인 마음의 경각심을 누그러뜨려 반대세력을 무장해제하려는 의도이다.

두 번째 주장은 상당한 타당성을 가지고 있다. 왜냐하면 가장 놀랍고 독창적인 아이디어라 할지라도 면밀한 조사를 통해 그 뿌리가 과거의 기반에 깊숙이 박혀 있고 이전에도 여러 번 대략적으로 예상되었던 것임을 발견하게 될 것이기 때문이다.

세 번째 주장 또한 일부 진실이 포함되어 있다. 비록 새로운 개념에 의해 우리의 정신적, 도덕적 또는 사회적 세계 아래에서 기초가 무너진 것처럼 보일지라도 일상생활이 거의 같은 방식으로 이어진다는 것을 알기 때문이다.

그러나 대중의 마음이 점차적으로 새로운 개념을 받아들이고 적응함에 따라 우리는 일반적으로 그 영향력이 처음에 예상했던 것보다 훨씬 더 광범위하다는 것을 알게 된다.

코페르니쿠스 이론의 경우, 논쟁이 세 단계를 거치고 대중의 마음이 지구의 공전이라는 새로운 개념에 새롭게 적응하는 데는 약 200년이 걸렸다. 다윈의 진화론의 경우 이 과정은 약 50년만에 완료되었다.

아인슈타인의 이론은 다른 이론보다 일반적인 생각을 더욱 심하게 파괴하는 것이어서 자연스럽게 흡수되는데 더 오랜 시간이 걸릴 것이다. 그러나 현대 정신은 가속화되는 것처럼 보이며 그 개념이 대중에게 소개된지 겨우 두 달이 지났다.

세 가지 논쟁의 노선이 모두 동시에 나타나고 있으므로 논쟁의 기간은 5년 정도 진행될 수 있겠지만, 우리의 기초적인 철학과 사고 습관에 대한 간접적인 영향을 완전히 체감할 때까지는 더 오랜 시간이 걸릴 것이다.

과학 법칙 대 법률상의 법

그러한 모든 논의에서 우리는 과학적인 의미의 '법'이 율법이나 규정이 아니라 단지 일하는 방식을 의미한다는 점을 명심해야 한다. 이는 사물이 어떻게 작동하는지에 대한 간결한 서술이다. 자연에는 법률이 없다. 단지 자연의 법칙만이 있을 뿐이다. 즉, 인간이 사고의 편의를 위해 자연에서 끌어낸 법칙(또는 앵글로색슨보다 라틴식 표현을 선호한다면, 자연에서 추론한 법칙)이다.

따라서 물리적 법칙은 본질적으로 심리적이다. 단순한 기억체계이며 계산용 장치이다. 나의 속기사가 수첩에 쓰고 있는 꿈틀거리는 우스꽝스러운 부호들이 내가 말하는 소리인 것과 마찬가지로 중력의 법칙은 중력이 아니다. 기하학을 바꾸는 데에는 자동차를 바꾸는 것과 같은 노력도 필요하지 않다.

그것은 단지 우리의 마음을 바꾸는 것을 의미한다. 그러나 이것은 우리 중 일부에게는 마땅한 것보다 더 어렵다. 여기서 상대성이론이 우리에게 유용하게 활용될 것이다. 프랑스의 수학자인 푸앵카레는 이렇게 말한다.

"'지구가 돈다'와 '지구가 돈다고 가정하는 것이 더 편리하다'는 이 두 가지 명제는 같은 의미다. 둘 중 어느 한 가지 명제가 다른 것보다 더 많은 것을 담고 있지 않다."

갈릴레오와 그의 심판관들이 상대성원리를 이해했다면, 일시적인 투옥과 영원한 치욕을 피할 수 있었을 것이다. 과학의 혁명은 단순히 정신적 태도의 변화이다. 어쩌면 정치적 혁명도 다를 바는 없을 것이다.

일반인에게는 이런 이야기들을 듣는 것이 당혹스러운 일이다. 처음에, 물질은 텅 빈 공간에 있는 단단하고 둥근 원자들로 구성되어 있다고 했다. 다음으로 그것은 단순한 전기 입자로 구성되어 있으며 음의 전하를 갖고 있다. 그런 다음, 그것은 에테르의 변형으로 구성된다.

다시 말하자면, 원자는 에테르 속의 거품이다. 마지막으로 에테르 같은 것은 없다. 그러나 이러한 다양한 가설들은 화가가 그리려고 하는 인물에 대해 크레용으로 한 획씩 긋는 것과 같다. 그것들은 모두 자연현상에 대한 정신적인 그림을 완성하기 위한 예비 스케치를 시도한 것이다. 우리는 지도에서 매사추세츠를 빨간색으로 칠한 지리학자와 녹색으로 칠한 지리학자를 모순적이라고 부르지 않는다.

과학적 가설들은 모두 자연의 비밀을 밝히는 데 어떤 것이 가장 효과적인지에 대한 실용적인 테스트를 거친다. '밀'이나 '참깨'가 마법의 단어일까? 우리가 어떤 개를 '피도(Fido)'라고 부를지 아니면 '타우저(Towser)'라고 부를지는 어떤 이름이 더 짧은지 혹은 더 듣기 좋은지가 아니라 개가 어떤 이름에 반응하는지에 따라 결정된다.

만약 '뉴턴'이라고 말할 때보다 '아인슈타인'이라고 말할 때 중력이 더 잘 느껴진다면, 우리는 바꾸게 될 것이다. 이런 시시한 예를 든다고 해서 내가 중력을 경솔하게 취급한다고 비난하지는 않을 것이라고 믿는다.

일반인은 — 더불어 과학을 배우기만 하고 활용해보지는 않았던 사람들도 모두 포함하여 — '자연의 법칙'에 대해 많은 이야기를 한다. 그가 추상적이고, 불변하며, 보편적이고, 영원한 칙령으로 여기는 자연의 법칙들 중 일부는 교과서에 실려 있다. 실무 과학자들에게 이 공식들은 다소 편리한 공식에 불과하다. 궁극적인 분석에서는 스펙트럼 색상을 부르는 빨주노초파남보처럼 사실을 더 다루기 쉽게 연결하기 위한 '기억을 돕는' 기호

들일 뿐이다. 그는 대부분의 공식들의 범위는 한정되어 있고, 정확성도 대략적일 뿐이라는 것을 알고 있다.

이러한 한계들과 불규칙성들을 발견하는 것은 그들의 가장 큰 즐거움이다. 그들은 이러한 '법칙들'에 대해 경외심을 느끼거나 숭배하지 않는다. 자신이 공식화한 것이 아닌 이상 그 어떤 법칙에도 애착을 갖지 않는다. 만약 새로운 가설을 발견한다면, 구형 발전기를 처분하듯, 기존의 가설을 내버리거나, 실험실에서 흔히 처리하는 일들을 대비해 남겨둔다.

일상적인 의미로 사용하여, 태양이 지구 주위를 돈다고 말하는 것은 지구가 태양 주위를 돈다고 말하는 것과 마찬가지로 '사실'이다. 모든 운동은 상대적이어서, 우리의 선택에 따라 어느 하나를 정지된 것으로 간주하거나 둘 다 움직이는 것으로 간주할 수 있기 때문이다.

지구가 태양 주위를 돈다는 진술이 '진실한' 것이라고 말할 때, 단지 그것이 더 편리한 표현 방법이라는 것을 의미한다. 왜냐하면 이 가설에서 지구를 비롯한 다른 행성들의 경로는 원형이 되지만(보다 정확하게 말하자면 불규칙하고 중심을 벗어난 나선형), 다른 오래된 가설에서는 경로가 매우 복잡하고 수학적으로 다루기 어렵기 때문이다.

지구가 움직인다는 이론은 정지해 있는 지구라는 이론보다 단순할 뿐만 아니라, 그 범위가 더 넓다. 더 많은 것을 설명해주며, 극점에서 평평해지는 것과(편평률扁平率) 같은 다른 지식과 연결된다. 코페르니쿠스는 그 당시 태양계에 관한 새로운 사실을 발견하지 못했다. 그는 그것에 관한 더 게으른 사고방식을 발명했을 뿐이다.

과학자는 필요할 때마다 자신의 연구에 가설을 만들어낸다. 그에게 그것은 단지 새로운 도구, 즉 노붐 오르가눔(novum organum, 新機關)일 뿐이다. 에테르가 없다면 그것을 만들어낼 필요가 있을 것이다. 그래서 그는 그것을 만들어냈다. 그것은 '파동치다'라는 동사의 명사형이 있어야 했다. 그가 그것을 만들어냈을 때 그다지 만족스럽지 않다는 것을 보았다. 그가 부여한 속성은 자기 모순적이었고, 지구와 함께 이동하거나 그것을 통과하는 것을 거부했다.

그러나 이러한 이론적 불일치는 물리학자를 크게 괴롭히지 않는다. 그럼에도 불구하고 에테르가 실험실에 있다면 편리하다. 과학자는 모순이 있다는 이유로 이론을 버리지 않는다. 물리학자는 자신의 편의를 위해 에테르를 발명하는 자신을 뻔뻔하다고 생각하지 않았다.

그는 평범한 사람이 오래 전에 동일한 방식으로 편의를 위해 '물질'을 발명했다는 것을 알고 있었다.

물질을 견고하고, 무겁고, 단단하고, 반응하지 않고, 파괴할 수 없고, 뚫을 수 없으며, 색깔과 표면이 있는 것으로 생각하는 순진한 개념은 조잡하고, 부적절하며, 불가능한 아이디어이다. 하지만 그것은 일부 사람들에게는 언제나, 그리고 그 시대의 모든 사람들에게 충분히 좋은 것이다. 물리학자조차 일상생활에서는 그것을 사용한다.

그는 엄격한 순간에만 근본원리로 돌아가 푸앵카레처럼 '질량은 계산에 도입하기 편리한 계수입니다.'라고 말한다.

그러나 물리학자가 그렇게 물질을 이탤릭체 소문자 m으로 단순화할 때 어떤 사람들은 그가 물질의 존재를 부정하고 있다고 말한다. 그들은 물질을 에테르에 있는 구멍이라고 생각하는 리만(Riemann)에 대해서는 어떤 말을 할까?

정의(定義)는 부정(否定)과는 다른 것이다. 우리 중에는 물질의 존재를 부정하는 사람들이 있는데, 그들 역시 스스로를 '과학자'라고 부르지만, 그들은 물질을 인간에게 도움을 주는 종으로 삼기 위해 밤낮을 가리지 않고 물질의 작용을 연구하는 사람들이 아니다.

화학과 교수라면 자신의 학생들에게 원자론이 사실인지 물어볼 생각도 하지 않을 것이다. 그는 학생들이 원자론을 믿든 안 믿든 상관하지 않는다. 그는 학생들이 원자론을 이용해 어떤 가치 있는 결과를 얻기만을 바랄 뿐이다.

따라서 그는 원자에 대한 오래된 개념을 훼손하고 있는 방사

능 발견의 과정을 아무런 걱정 없이 흥미롭게 지켜본다.

그는 더 나은 것을 찾을 수 있다면 기꺼이 원자론을 폐기할 것이다. 결국 그것은 서투른 것이고, 그가 포함시키고 싶은 사실들의 절반은 담을 수 없기 때문이다. 그는 처음에 들고 있던 비커에 거품이 일어 넘칠 때 더 큰 비커를 줍기 위해 비커를 내려놓기보다 주저하지 않고 던져버릴 것이다. 그는 아무것도 쏟아버리고 싶지 않지만, 그것이 어떤 그릇에 담겨 있는지에 대해선 신경 쓰지 않는다.

과학에서의 혁명은 결코 퇴보하지 않으며, 전환기에서 보존할 가치가 있는 것이 사라지지 않는다는 점에서 정치적 혁명과는 다르다. 새로운 이론은 항상 기존 이론이 설명하는 모든 것과 그 이상을 포함해야 한다.

생존을 위한 투쟁에서 공식은 뱀처럼 싸우면서 다른 것을 삼킬 수 있는 것이 승리한다. 이제 4차원 우주는 3차원 우주를 수용할 수 있으며, 더 좁은 개념이 포함할 수 없던 것을 위한 공간도 확보하고 있으므로 널리 보급될 것으로 보인다.

지금 우리는 코페르니쿠스와 갈릴레오의 시대에 살았던 사람들이 자신들이 서 있는 단단한 지구를 지탱해주는 것이 전혀 없으며, 단지 텅 빈 우주를 빙빙 돌면서 어딘가로 돌진하고 있고, 인생의 반은 머리를 광대무변한 우주로 향한 채 거꾸로 매달려 있는 것이라는 말을 듣고 겁에 질린 가련한 사람들을 위로해줄 방법을 알고 있다. 하지만 그들은 시간이 흐르면서 익숙해져 영원히 행복하게 살았다. 우리 역시 그럴 것이다.

직접 정보를 얻고자 하는 사람들을 위해 1919년 12월 13일 런던 타임스와 1920년 1월 6일 사이언스에 게재된 아인슈타인 박사의 기사를 첨부한다.

시간, 공간 그리고 중력

– 알베르트 아인슈타인 박사 –

상대성이론에 관한 글을 써달라는 귀사 특파원의 요청에 응하게 된 것을 기쁘게 생각합니다.

과거에 과학자들 사이에 있었던 국제적 관계가 애석하게 단절된 이후로, 영국의 천문학자와 물리학자들과 소통할 수 있게 된 이번 기회를 기쁘고 감사한 마음으로 받아들입니다.

영국의 과학자들이 전쟁의 와중에 적국(敵國)에서 완성되어 출판된 이론을 시험하기 위해 그들의 시간과 노력을 기울이고, 영국의 기관들이 물질적 수단을 제공했던 것은 영국 과학의 숭고하고 자랑스러운 전통에 따른 것이었습니다.

태양의 중력장이 광선에 미치는 영향을 조사하는 것은 오롯

이 객관적인 문제이지만, 그럼에도 이 과학 분야에 종사하는 영국의 동료들에게 개인적인 감사를 표하게 되어 매우 기쁩니다. 그들의 도움이 없었다면 나의 이론에서 가장 중요한 추론의 증거를 얻지 못했을 것이기 때문입니다.

......

물리학에는 여러 가지 이론이 존재한다. 대부분은 '구성적'이며, 복잡한 현상을 비교적 간단한 명제로부터 설명하려고 시도한다. 예를 들어, 기체의 분자운동이론은 기체의 역학적, 열적, 확산적 특성을 분자운동과 연결하여 설명하려고 한다. 우리가 일련의 자연 현상을 이해했다고 말할 때, 그것은 이러한 현상들을 포괄하는 구성적 이론(constructive theory)을 찾았다는 것을 의미한다.

하지만 이처럼 가장 비중 있는 이론들 외에도 내가 원리이론(theories of principle)이라고 부르는 또 다른 이론 집단이 있다. 이들은 종합적인 방법이 아니라 분석적인 방법을 사용한다. 이들의 출발점과 토대는 가상적인 구성요소가 아니라 경험적으로 관찰된 현상의 일반적인 특성, 즉 그로부터 수학 공식이 추론되어 나타나는 모든 경우에 적용되는 원리이다.

예를 들어, 열역학은 일반적인 경험에서는 영구운동이 결코 일어나지 않는다는 사실에서 출발하여 분석 과정을 통해 모든 경우에 적용하게 될 이론을 추론하려고 시도한다. 구성이론의 장점은 포괄성, 적응성, 명확성이며 원리이론의 장점은 논리적 완벽성과 기초의 안정성에 있다.

상대성이론은 원리이론이다. 상대성이론을 이해하기 위해서는 그것이 기초하고 있는 원리를 파악해야 한다. 그러나 이것들을 말하기 전에 상대성이론은 특수상대성이론과 일반상대성이론이라는 두 개의 분리된 층이 있는 집과 같다는 것을 밝혀둘 필요가 있다.

고대 그리스 시대부터 물체의 운동을 설명할 때 다른 물체를 참조해야 한다는 것은 잘 알려져 있다. 철도 열차의 운동은 지면을 기준으로, 행성의 운동은 눈에 보이는 고정된 별들의 전체 집합을 기준으로 설명한다.

물리학에서는 공간적으로 운동을 참조하는 대상을 좌표계라고 한다. 갈릴레오와 뉴턴의 역학 법칙은 좌표계를 사용해야만 공식화될 수 있다. 역학법칙이 성립되려면 좌표계의 운동 상태를 임의로 선택할 수 없다(뒤틀림과 가속도가 없어야 한다).

역학에서 사용되는 좌표계는 관성계라고 한다. 역학에 관한 한 관성계의 운동 상태는 본질적으로 한 가지 조건에 제한되지 않는다. 다음과 같은 명제의 조건은 충분하다. 즉, 관성계와 같은 방향으로 그리고 같은 속도로 움직이는 좌표계는 그 자체가 관성계이다.*

따라서 특수상대성이론은 모든 자연 과정에 다음과 같은 명제를 적용한 것이다. 즉, K와 K'가 균일한 병진운동을 한다면, '좌표계 K에 대해 적용되는 모든 자연법칙은 다른 어떤 계의 K'에도 적용되어야 한다.'

특수상대성이론에 기초한 두 번째 원리는 진공 속에서 빛의 속도가 일정하다는 것이다. 진공 속의 빛은 광원의 속도와 무관하게 한정되고 일정한 속도를 갖는다. 물리학자들은 전기역학의 맥스웰-로렌츠 이론 덕분에 이 명제에 대한 자신감을 갖게 되었다.

앞에서 언급한 두 가지 원리는 실험적으로는 강력한 확인을 받았지만 논리적으로는 양립할 수 없는 것 같다. 특수상대성이론은 운동학, 즉 공간과 시간의 물리법칙 이론에 변화를 줌으로써 논리적인 조화를 이루어냈다. 두 사건의 일치에 대한 진술은 오직 좌표계와 관련해서만 의미를 가질 수 있으며, 물체의 질량

---

* 뉴턴 역학에서 관성계는 비틀림과 가속이 없는 좌표계이며, 특수상대성이론에서는 균일하게 병진운동하는 모든 좌표계가 관성계이다.
뉴턴 역학에서는 시간과 공간이 절대적인 개념이지만, 특수상대성이론에서는 시간과 공간이 상대적인 개념이다.
뉴턴 역학에서는 질량과 에너지가 서로 다른 개념이지만, 특수상대성이론에서는 질량과 에너지가 서로 동일한 개념이다.

과 시계의 운동 속도는 좌표에 대한 운동 상태에 따라 달라져야
만 한다는 것이 분명해졌다.

하지만 갈릴레오와 뉴턴의 운동법칙을 포함한 기존의 물리학
은 내가 제시한 상대론적 동역학과 충돌했다. 후자는 자연법칙
이 두 가지 기본원리와 양립하기 위해 충족해야 하는 일반화된
수학적 조건에 기반을 두었다.

물리학은 수정되어야 했다. 가장 주목할 만한 변화는 (매우
빠르게) 움직이는 질량점들에 대한 새로운 운동법칙이었고, 이
것은 곧 전기적으로 부하가 있는 입자들의 경우에 검증되었다.
특수상대성 체계의 가장 중요한 결과는 물질계의 관성 질량과
관련이 있다.

그러한 체계의 관성은 에너지의 양에 의존해야 한다는 것이
명확해졌고, 그래서 우리는 관성 질량이 단지 잠재 에너지에 불
과하다고 생각하게 되었다. 질량 보존 이론은 독립성을 잃고 에
너지 보존 이론에 병합되었다.

맥스웰과 로렌츠의 전기역학을 단순히 체계적으로 확장시킨
특수상대성이론은 그 자체를 넘어서는 결과를 낳았다. 좌표계
에 대한 물리법칙들의 독립성은 서로에 대해 균일한 병진운동
을 하는 좌표계들로 제한되어야만 하는가? 우리가 제안하는 좌
표계들은 그것들의 운동들과 본질적으로 어떤 관계가 있는가?
자연에 대한 우리의 설명에 우리가 임의로 선택한 좌표계들을

사용하는 것이 필요할지 모르지만, 그들의 운동 상태에 관한 한 선택은 어떤 식으로든 제한되어서는 안 된다.

(일반상대성이론) 이 일반상대성이론의 적용은 널리 알려진 실험과 상충되는 것으로 밝혀졌는데, 그 실험에 따르면 물체의 무게와 관성은 동일한 상수(관성질량과 중력질량의 동일성)에 의존하는 것으로 나타났다. 뉴턴의 의미에서 관성계에 비해 안정적인 회전을 하고 있다고 생각되는 좌표계의 경우를 생각해 보자.

이 체계에 비해 상대적으로 원심력인 힘은 뉴턴적 의미에서 관성에 기인해야만 한다. 그러나 이러한 원심력은 중력과 마찬가지로 물체의 질량에 비례한다. 그렇다면 좌표계를 정지 상태로, 원심력을 중력으로 간주하는 것이 가능하지 않을까? 해석은 명확해 보였으나 고전역학에서는 이를 금지했다.

이 약간의 스케치는 일반화된 상대성이론이 중력의 법칙을 포함해야 한다는 것을 보여주며, 실제로 그 개념을 추구한 결과 그런 희망은 정당화되었다.

그러나 그 방법은 유클리드 기하학과 모순되기 때문에 예상보다 어려웠다. 다시 말해, 물질체가 공간에 배치되는 법칙은 유클리드의 입체 기하학이 규정한 공간의 법칙과 정확히 일치하지 않는다. 이것이 바로 '공간의 뒤틀림'이라는 말이 의미하는 것이다. 따라서 물리학에서는 '직선', '평면' 등의 기본개념들이 정확한 의미를 잃게 된다.

일반상대성이론에서 공간과 시간에 대한 이론인 운동학은 더 이상 일반 물리학의 절대적인 토대 중 하나가 아니다. 물체의 기하학적 상태와 시계의 속도는 우선적으로 중력장에 의존하고, 이것은 다시 관련된 물질계에 의해 만들어진다.

따라서 새로운 중력이론은 기본 원리와 관련하여 뉴턴의 이론과 크게 다르다.

그러나 실제 적용에서 두 이론은 너무나 밀접하게 일치하고 있어서, 실제 차이가 관찰 대상이 될 만한 사례를 발견하기 어려웠다. 아직까지는 다음 사항만이 제시되었다:

1. 태양 주위를 도는 행성들의 타원 궤도의 왜곡(수성의 경우 확인됨).
2. 중력장에서 광선의 편차(영국 일식탐사대에 의해 확인됨).
3. 질량이 큰 별에서 우리에게 오는 빛의 경우, 스펙트럼선이 스펙트럼의 빨간색 끝을 향해 이동하는 것(아직 확인되지 않음).

이 이론의 가장 큰 매력은 논리적인 일관성이다. 이것으로부터 어떤 추론이라도 증명될 수 없다면, 포기되어야만 한다. 이 이론의 수정은 전체의 파괴 없이는 불가능해 보인다.

아무도 뉴턴의 위대한 창조물이 이것이나 다른 어떤 이론에 의해서도 진정한 의미에서 전복될 수 있다고 생각해서는 안 된다. 그의 명료하고 폭넓은 아이디어는 현대 물리학의 개념이 세워진 토대로서의 중요성을 영원히 간직할 것이다.

......

마지막 한마디. 〈타임스〉지에 실린 나와 나의 상황에 대한 묘사는 기자의 재미있는 상상력을 잘 보여줍니다. 독자들의 취향에 상대성이론을 적용하면서, 오늘날 독일에서는 나를 독일 과학자라 부르고, 영국에서는 스위스계 유대인으로 부른다고 소개합니다. 만약 앞으로 내가 혐오하는 인물로 여겨지게 된다면, 이 설명은 반대로 바뀌어, 독일인들에게는 스위스계 유대인이 되고, 영국인들에게는 독일과학자가 될 것입니다!

아인슈타인의 이론에 대해 더 많은 것을 읽고 싶은
수학 전공자가 아닌 독자들을 위한 책들

에드윈 애벗 EDWIN ABBOTT.

플랫랜드 Flatland, by A Square. Boston, 1891.
흥미진진하게 4차원으로 안내한다.

노먼 캠벨 NORMAN CAMPBELL.

상대성이라는 상식 The Commonsense of Relativity. Philosophical
'Magazine, April, 1911.

윌슨 카 WILSON CARR.

상대성이론의 철학적 함의들 The Metaphysical Implications of the Theory of
Relativity. Philosophical Review, Jan., 1915.

폴 카루스 PAUL CARUS.

상대성 원리 The Principle of Relativity. Chicago: Open Court Publishing
Co., 1913.

콤스톡 D. F. COMSTOCK.

상대성 원리 The Principle of Relativity. Science, May 20, 1910, vol. 31.

커닝햄 E. CUNNINGHAM.

아인슈타인의 중력의 상대성이론 Einstein's Relativity Theory of Gravitation.

Nature, Dec. 4, n, and 18, 1919.

이 이론의 최근 동향에 관한 흥미진진한 비수학적 논의

에딩턴 A. S. EDDINGTON.

아인슈타인의 시공간 이론 Einstein's Theory of Space and Time.

Contemporary Review, Dec., 1919.

쉽게 쓴 대중적인 논설

에딩턴 A. S. EDDINGTON.

중력 Gravitation. Scientific American Supplement, July 6 and 13, 1918.

영국의 유력한 아인슈타인 지지자가 작성한 뛰어난 대중적인 설명이다.

알베르트 아인슈타인 ALBERT EINSTEIN.

·시간, 공간 그리고 중력 Time, Space, and Gravitation. Science, Garrison, 1920, Jan. 3, n.s., vol. 51, p. 8-10.

·나의 이론 My Theory. Living Age. Boston, 1920, vol. 304, p. 4i-3 Jan. 3.

카미유 플라마리옹 E. CAMILL FLAMMARION.

루멘 Lumen. New York: Dodd, Mead and Co., 1897.

아인슈타인에 대한 이야기는 전혀 없지만 시간의 상대성을 환상적인 형식으로 제시한다.

카이저 C. J. KEYSER.

우주 공간의 형태와 차원에 관하여 Concerning the Figure and the Dimensions of the Universe of Space. Science, June 13, 1913.

올리버 롯지 경 SIR OLIVER LODGE.

새로운 중력이론 The New Theory of Gravity. Nineteenth Century, Dec., 1919.

에테르와 상대성 The Ether versus Relativity. Fortnightly Review, Jan., 1020.

상대성이론의 반대자가 작성한 훌륭한 논평.

앙리 푸앵카레 HENRI POINCARE.

과학과 방법 Science and Method; also contained in The Foundations of Science. New York: The Science Press, 1913.

버틀런드 BERTRAND 러셀 RUSSELL.

중력의 상대성이론The Relativity Theory of Gravitation. English Review, Dec., 1919.

영국의 가장 뛰어난 철학자가 작성한 명쾌한 설명.

톰슨 J. THOMSON.

중력에 의한 빛의 굴절과 아인슈타인의 상대성이론 Deflection of Light by Gravitation and the Einstein Theory of Relativity. Scientific Monthly, Garrison, N. Y., 1920, vol. 10, p. 79-85, Jan.

여러 저자들 VARIOUS WRITERS.

간단하게 설명하는 4차원 The Fourth Dimension Simply Explained. New York: Munn and Co., 1910.

〈사이언틱 아메리칸〉이 주최한 현상공모에 제출된 22편의 에세이.

웨첼 REINHARD A. WETZEL.

물리학의 새로운 상대성이론 The New Relativity in Physics. Science, New York, 1913. New sen, vol. 38, pp. 466-474.

시간의 상대성을 다이어그램과 문학작품을 인용하여 설명한다.

감사의 말

이 책에 게재한 참고서적들은 뉴욕공공도서관의 과학관에 근무하는 메리 E. 토드가 준비한 도서목록과 라이브러리 저널에서 발표한 것을 통째로 가져왔다. 아인슈타인 열풍이 뉴욕을 강타하자마자 이 책들은 모두 도서관의 긴 탁자에 전시되었고 낮이든 밤이든 빈 자리를 찾아볼 수 없었다.

에딩턴 교수가 케임브리지 대학에서 아인슈타인의 이론에 대한 강연을 개최했을 때, 강연회장 문이 열릴 때까지 대기하는 행렬이 건물 밖까지 이어졌다. 대학에서 수리물리학에 대한 강연에 '오직 입석만' 있었던 경우는 처음이었다.

이 책의 내용 중 절반 정도가 잡지 〈인디펜던트〉에 1919년 11월 29일, 12월 7일, 13일에 실렸을 무렵, 편집자인 해밀턴 홀트와 발행인인 칼 로우랜드의 도움으로 한 권의 책으로 발행될 수 있는 특권을 누릴 수 있었다. 이 책의 내용을 다듬고 수정하는데 여러 물리학, 수학, 천문학 그리고 철학 교수님들의 도움을 받았다. 하지만 나의 개인적인 견해들과 내가 사용했던 비전문적인 표현방식들은 당연히 그분들이 책임질 일은 아니다. 이 부분에 대해선 그 분들에게 개인적인 감사를 드리고 싶다.